Win10 / Win11

－適用－

人手一本的
資安健診
實作課

不是專家也能自己動手做！

陳瑞麟—著　**暢銷回饋版**

找出問題，提前防範！
在個人電腦上建立具備韌性的自我防禦網

網路的架構　監聽與分析封包　分析網路設備的紀錄檔

檢視惡意程式或檔案　防範加密勒索攻擊

本書如有破損或裝訂錯誤，請寄回本公司更換

作　　　者：陳瑞麟
責任編輯：黃俊傑

董 事 長：曾梓翔
總 編 輯：陳錦輝

出　　　版：博碩文化股份有限公司
地　　　址：221 新北市汐止區新台五路一段 112 號 10 樓 A 棟
　　　　　　電話 (02) 2696-2869　傳真 (02) 2696-2867

發　　　行：博碩文化股份有限公司
郵撥帳號：17484299　戶名：博碩文化股份有限公司
博碩網站：http://www.drmaster.com.tw
讀者服務信箱：dr26962869@gmail.com
訂購服務專線：(02) 2696-2869 分機 238、519
（週一至週五 09:30 ～ 12:00；13:30 ～ 17:00）

版　　　次：2024 年 6 月二版一刷

建議零售價：新台幣 560 元
I S B N：978-626-333-893-7
律師顧問：鳴權法律事務所 陳曉鳴律師

國家圖書館出版品預行編目資料

人手一本的資安健診實作課：不是專家也能自己
動手做!(Win10/Win11 適用) / 陳瑞麟著. -- 二版.
-- 新北市：博碩文化股份有限公司, 2024.06
　面；　公分

ISBN 978-626-333-893-7(平裝)

1.CST: 資訊安全

312.76　　　　　　　　　　　　　113008820
Printed in Taiwan

博碩粉絲團　歡迎團體訂購，另有優惠，請洽服務專線
　　　　　　(02) 2696-2869 分機 238、519

推薦序一

　　近二年 Covid-19 疫情關係，全民不論老少都獲得流行病學與公衛大量相關常識與知識，雖然這類艱深的專業知識一般人並不容易理解，但在網路上透過許多專家學者費心製作的易懂圖、文、表及動畫影片等，還是讓普羅大眾對新冠病毒都有了一定程度的認知與瞭解。同樣的現代社會在日常生活中也充滿了各式各樣的資訊產品及 APP，但是普羅大眾對於使用這些資訊產品的風險認知卻非常匱乏，有勞專家學者透過前述可實作的易懂圖文表原則來豐富普羅大眾的資安防護知識。

　　本書是市面上少數針對工作上離不開使用電腦資訊的非資訊專業上班族為對象的資安實務操作書，內容有豐富的圖表與易懂的文字，符合前述的專業內容易懂表達原則。

　　寫資訊類的書其實是一項 CP 值報酬頗低的行業，期待本書的問世能拋磚引玉，後續有更多專家投入一同為資安知識的普及而努力。瑞麟兄是老同事，幾年前跳離舒適圈自行創業，這絕對需要很大的勇氣，光是追求自己夢想的這份偌大決心就值得大大嘉許，更何況是投身推廣資安防護的立言行動，身為資安老兵非常樂於推薦。

李建隆

台灣電力公司資訊處副處長

推薦序二

　　隨著資安在各個領域受到重視，掌握資安潛在風險成為落實資安的起手式，資安健診透過網路架構、弱點掃描、滲透測試、主機檢測等技術，來評估企業環境資安弱點與風險。

　　對於自己常用的作業系統，具備自我體檢的能力，更能有效地落實資安防護的價值，然而，往往我們不知如何切入自我檢測，一個組態的設定，一段網路流量，或是一堆系統日誌，也許不是看不懂，而是不知從何解析，哪些條件是要注意的，不僅是從何而看，更需要有人手把手的引導。

　　這些屬於 know-how 的專業知識，這本書透過手把手的方式逐步引導，結合了系統操作、工具使用及資安專業判斷，突破了資安叢書需具備特定的電腦網路的知識，每一個步驟都拆解詳細，就像資安專家在旁邊手把手的教學，加上輔助的表格，隨時可以進行資安健檢而不靠別人。

　　這本書難能可貴之處，在於從平易近人的切入角度，讓非資訊人員也能理解與操作，尤其資安法規及供應鏈資安的逐步要求，這對於中小企業缺乏資訊資安人員來說，是隨時可上手的資安健檢的知識來源，資安成熟度的提升，中小企業也勢在必行。

　　自己動手做資安健診，搭配合適的演練及持續的規劃，除此之外，在明確資安資源投入前，透過此書的健診知識，亦可在資安導入初期，對於企業有一個小型規模的分析與規劃也是極有幫助的，這是一本非常實務的資安檢診操作指引。

毛敬豪

資策會資安所前所長

推薦序三

　　隨著網際網路的普及、資訊科技的進步，企業紛紛電子化，將所有的資料全部放到網路上，在 COVID-19 疫情期間，拜企業電子化之賜，很多企業採取了居家辦公（work from home, WFH）的模式，將疫情的影響降到最低。

　　斐洛西訪台期間，國內公私部門遭受到大量的網路攻擊，從統一超商到台鐵的電子看板，都陸續遭受到駭客的攻擊，企業的資訊安全議題開始浮出枱面，很多企業都以為架了防火牆，就算是完成資訊安全防護，其實，如果沒有持續的調整、提升資訊安全策略，則防火牆就像虛設。

　　根據 2022 年經濟部發布的中小企業白皮書顯示：國內的企業，98% 以上都是中小企業，中小企業的資源不像大企業這麼多，電子化的過程往往需委外處理，建置完成後，也沒有專門的資訊部門可以維護，在資訊安全的管理與意識上都十分不足，員工常常不慎下載藏有加密勒索程式的惡意檔案，或是點擊釣魚信件，種種行為都可能帶來資訊安全的危機，進而造成組織在財務及營運上的損失。

　　在後疫情時代，為提升工作及生產的效率，數位化、萬物聯網已經是不可逆的趨勢，在資訊科技程度深化的台灣，企業除了在管理面要建立資訊安全的應變措施，定期追蹤改善外，在技術面上也要能夠具備自我防禦的能力。

　　本書圖文並茂，以目前國內最普遍使用的 Windows 環境作為範例，一步一步的帶著讀者，從安裝軟體到使用軟體，讓一般使用者都能按圖索驥，把資訊安全的相關軟體安裝在自己的電腦上。

透過書中的說明，使用者可以自行檢視網路的架構、監聽與分析封包、分析網路設備的紀錄檔、檢視惡意程式或檔案、防範加密勒索攻擊等，是一本適合中小企業閱讀的工具書，在沒有足夠的專業資訊人員下，可以自行 DIY 做資訊安全健診，找出問題、提前防範。

　　本書的內容除了可以作為中小企業的資訊安全健診用，作者也在書中設計了一系列的表單，讓員工在自我排查的過程中，建立企業員工的資訊安全意識，是一本中小企業實用的工具書。

魯明德

桃園市中小企業榮譽指導員協進會 2018 會長

推薦序四

　　資訊安全不只是資訊人員的事情，必須仰賴全體員工一起來守護。

　　眾所皆知資安很重要，尤其是在這個人手一機，資訊取得非常便利的時代，各種資訊服務都在雲端，無形的資料流遊走在每個人身邊，手寫簽名越來越少，電子簽章越來越多，生活中這種資訊服務已經變得不可或缺，一旦發生資安事件，帶來的損失往往難以估計。

　　資安法上路後新規範要求關鍵基礎設施機關／企業應有的資安作為，對大型關鍵基礎設施機關／企業而言，這些資安規範可以花錢請顧問或找廠商來協助執行，但對於中小型關鍵基礎設施機關／企業而言，往往還是由內部人員來完成，雖有資訊人力，但資訊人員並不一定清楚資安該如何執行，至於資安該怎麼做、做了有沒有用卻是另一個問題；甚至資訊人員辛辛苦苦地推動資安，但一個內部員工的疏失可能就讓資安出現破口，造成該機關／企業龐大的損失。

　　而本書以一般員工為對象，明確且具體地介紹資安健檢的用意及目的，也提供詳細的操作步驟，讓讀者可以按部就班地看著本書就能學習操作，並配合完成資安健檢工作；確實若能培養一般員工的資安觀念、意識，能大大減輕資訊人員的負擔，且我覺得本書不只是用來培養一般員工的資安觀念而已，本書更適合給初階的資訊人員閱讀，初階資訊人員已經具備足夠資訊能力，藉由本書介紹的幾套軟體，只要按圖索驥即可快速地進階為初階的資安人員。

在這極度缺少資安人員的階段，如何自行培養出資安人員是一門不可或缺的課題；尤其本書還提供了各種表單可直接應用在實務工作上，若有導入 ISO27001 的機關或公司可直接引用，這將減少資訊人員許多燒腦地書面作業，堪稱是資安健檢入門教科書也不為過。

粘良祁

彰化基督教醫院資安中心主任

序

　　資訊安全，是指對於企業或個人有價值數位資產的保護，達成機密性、可靠性、可用性的目標。資安健診則如同健康檢查，尤其是在 IT（資通訊）環境中，不影響生產線但通常有大量有價值數位資產，而且使用 Windows 作業系統。

　　所以本書的初始設定，就是為了讓辦公室的使用者能夠很輕鬆的在單位資訊人員的協助下，進行資安健診。不僅可以促成辦公室的安全，還可以分攤資訊人員的工作負擔，甚至可以輸出經驗。

　　以 Windows 桌機為主要資安對象，輔以伺服器及網路（含封包）分析來做資安，是本書創新的嘗試，過往資訊人員導入許多資安系統，主要係為了保護資訊資產，但組織中最能夠產生資訊資產的不是伺服器而是辦公室的同仁，而社交工程或變臉詐騙、APT 先進持續攻擊的對象也是以同仁為主。所以本書中所談的諸多表格的完成，必須要同仁的配合，也讓同仁有資安意識能夠自我排查。

　　本書截稿之際，正值 Win11 升級潮，未來 Window 作業系統將全面升級到 Win11，然而本書中所示之各項資安健診做為在新版 Win11 上經測試仍可正常執行，讀者可在 Win11 的電腦上使用本書案例。

　　最後，本書中所列示 Windows（R）、CentOS、Dude、Wireshark、NIRSOFT、NPASCAN 等程式執行畫面係屬其各自公司版權所有，本書僅為說明相關概念，讀者仍應購買正版軟體使用，併此敘明。

目錄

CHAPTER **03** 封包監聽與分析

CHAPTER

01

資安健診概說

本章我們首先解釋貫穿全書中的重要概念的名詞解釋，然後分別以書中的案例，介紹檔案總管的使用、軟體的下載、解壓縮和安裝，並且介紹功能強大的 Windows 命令列（CMD）的使用。

1.1 名詞解釋

在本書中，所用到的名詞解釋如下：

1. 資安：資訊安全的簡稱，涵蓋了網路、網際網路、端點、API、雲端、應用程式以及容器等各項與網路有關的安全機制。

2. 網路拓撲：指構成網路的成員間特定的排列方式，一般分為物理的、真實的、配線上的結構，或邏輯的、虛擬的、程式設計上的結構。

3. WiFi：Wi-Fi（Wireless Fidelity 的縮寫）是允許您使用智慧型手機或電腦透過無線連線存取網際網路的技術。

4. 封包：在網路上傳送資料時，須先將資料依既定的格式切割成多個區塊，稱之為 封包（Packet）。資料以封包的方式在網路上傳輸，每個封包分為表頭區（Header）和資料區（Data Block）兩部分。表頭部分定義該封包的目的地位址和封包在網路上的處理方式。

5. 政府組態基準：（Government Configuration Baseline，簡稱 GCB）目的在於規範資通訊設備（如個人電腦、伺服器主機及網通設備等）的一致性安全設定（如密碼長度、更新期限等），以降低成為駭客入侵管道，進而引發資安事件之風險。

6. 漏洞（弱點）：是指電腦系統安全方面的缺陷，使得系統或其應用資料的機密性、完整性、可用性、存取控制等面臨威脅。

7. 搜尋方塊：如圖 1-1（視窗下方編號 1），左鍵點一下後可以用來輸入諸如 cmd（命令提示字元）、執行程式等功能。

8. 檔案總管：如圖 1-1（視窗下方編號 2），左鍵點一下後可開啟檔案總管，以進行檔案的複製、刪除、解壓縮等功能。

9. Excel：如圖 1-1（視窗下方編號 3），左鍵點一下後可開啟 Excel，以整理程式清單等等 csv（逗號分格）的文字檔。

10. Chrome 瀏覽器：如圖 1-1（視窗下方編號 4），左鍵點一下後可開啟 Chrome，用以下載本書所用到的軟體。

11. Word：如圖 1-1（視窗下方編號 5），左鍵點一下可開啟 Word 用以編輯本書各章節（匯總於 APPENDIX A）所示的資安健診表格。

圖 1-1　名詞解釋七到十示意圖

12. 視窗鍵：如圖 1-2（鍵盤左下方），按住後再按 E，可開啟檔案總管。

圖 1-2　視窗鍵示意圖

● **1.2** 本書所用到各軟體的下載、解壓縮與安裝說明

1.2.1 在本機下載區建立「資安健診」資料夾用以置放下載檔案

STEP 1 鍵盤左下方「視窗鍵」按住，再按「E」（本書後續會以視窗鍵加 E 來表示，亦可以如上小節所示點選檔案總管圖示）開啟檔案總管。開啟檔案總管後，介面可以大致分成三區：

1. 檢視區：如圖 1-3（檔案總管左方編號 1），用左鍵點選本機磁碟（C:）、本機磁碟（D:）、本機磁碟（E:）、本機磁碟（H:）可以切換磁碟機。

2. 詳細資料區：如圖 1-3（檔案總管右方編號 5），係屬於列示磁碟機中的資料夾（黃色方形）、檔案（各種圖示）之用，通常用左鍵點選某檔案或資料夾之後再配合下面提到的功能表區，用左鍵點選做動作。

3. 功能表區：如圖 1-3（檔案總管右方編號 2、3、4），2 可以用來剪下、複製、貼上檔案或資料夾。3 可以刪除。4 可以新增資料夾。

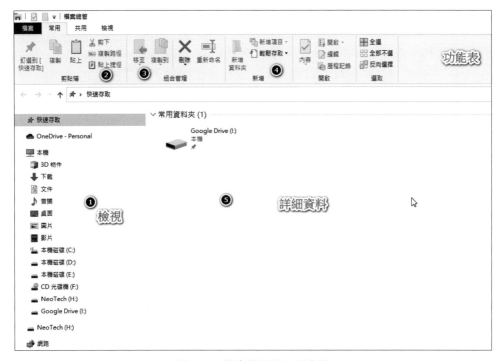

圖 1-3　檔案總管分區示意圖

STEP 2〉我們要建立一個「資安健診」資料夾，首先如圖 1-4 所示，左方檢視
區（編號 1）點「下載」，再點選右方詳細資料區空白處（編號 2），
然後上方功能表區點「新增資料夾」（編號 3）。

圖 1-4　使用檔案總管建立資安健診資料夾

STEP 3〉然後如圖 1-5 所示，右方的詳細資料區就會顯示一個新的資料夾（編號 1），預設的名稱為「新增資料夾」，並且會反黑。此時即可輸入「資安健診」做為資料夾名稱，然後按下鍵盤右方中間的 Enter 鍵。

圖 1-5　檔案總管顯示「新增資料夾」

STEP 4〉此時新增的資料夾即會完成命名，如圖 1-6 顯示在詳細資料區（編號 1）。如此即完成資料夾的新增。

圖 1-6　完成「資安健診」資料夾的新增及命名

 Tips

本書中 Windows 資安健診相關訊息，讀者在依照書籍各章節練習時，可以都存在本小節於「下載」資料夾中所建立的「資安健診」資料夾（如本小節所練習），並且將不同章節的檔案，練習存在相對應的資料夾中（下小節將會練習存檔案）。除此之外，書附範例亦會將筆者各章中電腦中所輸出的檔案（原始文字檔、CSV（以逗號分隔文字檔）、Word 檔）一併整理供讀者參閱。

1.2.2 軟體下載存在資安健診資料夾介紹—— 以 **Wireshark** 為例

軟體下載，通常是在 Google 搜尋軟體名稱關鍵字，然後點選下載的網站（軟體的發行者），接著就找 Download 的頁面，然後進行下載。以下以 Wireshark 為例，說明如何下載一個軟體並存在資料夾。

STEP 1 如圖 1-7，開啟 Chrome 瀏覽器，並輸入搜尋關鍵字「Wireshark」，按下 Enter 後會出現搜尋結果，用滑鼠左鍵點選「Download Wireshark」（編號 1），即會開啟 Wireshark 軟體的下載頁面。

圖 1-7　Google 瀏覽器搜尋軟體名稱（Wireshark）示意圖

STEP 2 如圖 1-8，用滑鼠左鍵點選「Windows Installer（64-bit）」（編號 1），系統即會自動進行檔案下載，預設位置為 C：磁碟機「下載」資料夾（所以我們會練習將此檔案移動到「下載」資料夾裡面的「資安健診」資料夾）。

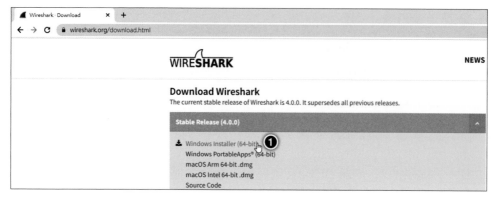

圖 1-8　下載檔案（Wireshark）示意圖

STEP 3 如圖 1-9，首先用滑鼠左鍵點選檢視區「下載」左方的向右符號（編號 1 的位置，向右符號點選後會變成圖示的向下符號），然後用滑鼠左鍵點選詳細資料區（編號 2）的「Wireshark-win64-4.0.0.exe」檔案（即剛才下載的 Wireshark），然後在功能表區（編號 3）用滑鼠左鍵點選「剪下」，然後切換到「資安健診」子資料夾，檢視區點「資安健診」（編號 4）。

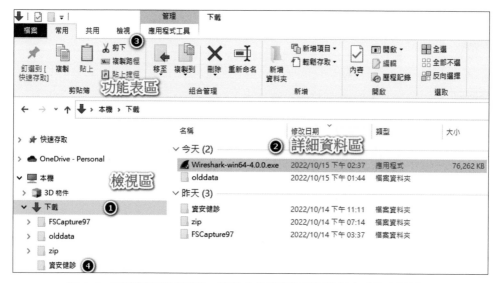

圖 1-9　下載檔案到「下載」資料夾後練習移到子資料夾「資安健診」

STEP 4 如圖 1-10 所示，我們先確認目前所在位置是在本機 > 下載 > 資安健診（編號 1，也就是在下載資料夾的資安健診子資料夾），然後在功能表區（編號 2）按「貼上」，此時詳細資料區就會出現「Wireshark-win64-4.0.0.exe」檔案（編號 3）。

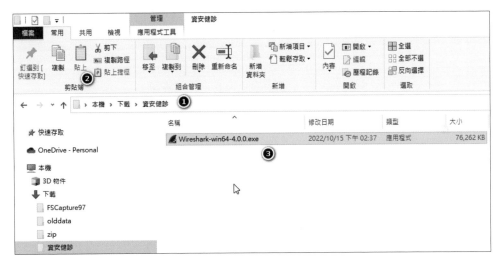

圖 **1-10** 完成移到子資料夾「資安健診」

 Tips

本書所用到的軟體共有下列四種，請比照本小節的介紹，一一下載至 C 磁碟機的資安健診資料夾。

1. Dude 4.0：用來自動繪製網路拓撲圖。

2. Wireshark -win64-0：用來監聽封包。

3. Nirsoft UninstallView v1.47：用來表列、移除 windows 10（11）中的軟體。

4. NPASCAN1.8：警政署開發的惡意軟體偵測程式。

1.2.3 軟體解壓縮——以 Dude、Nirsoft uninstallview -x64 為例

讀者完成上小節的練習之後，如圖 1-11 所示，「資安健診」資料夾中應該會有四個檔案，在練習解壓縮之前，我們需要先開啟檔案總管（視窗鍵加 E），並且切換到資安健診資料夾（編號 1，檢視區點選「下載」，再點選「資安健診」資料夾即可切換，此功能很重要會常用），在資安健診資料夾中現在應該有四個檔案：

1. The Dude 免安裝 Portable.zip（編號 2）：Portable 代表免安裝，只要解壓縮到（軟體所在）資料夾，即可以由檔案總管直接在該資料夾中執行「執行檔（EXE）」檔方式使用。

2. Wireshark-win64-4.0.0.exe（編號 3）：需執行該程式後，安裝到 Windows 成為一個應用程式，可以用「新增／移除程式」功能移除。

3. uninstallview-x64.zip（編號 4）：免安裝，只要解壓縮到（軟體所在）資料夾，即可以由檔案總管直接在該資料夾中執行「執行檔（EXE）」檔方式使用。

4. NPASCAN v1.8.exe（編號 5）：該檔案為可執行檔，直接用滑鼠左鍵點二下該程式，即可以執行。

 Tips

請讀者在成功開啟檔案總管並切換到「下載」資料夾的子資料夾「資安健診」之後，再延伸練習從檔案總管切換到 C 磁碟機、D 磁碟機，練習在這二個磁碟機中的不同資料夾做切換，以便後續練習時從 C、D 磁碟機複製檔案貼上。有心精進的讀者並可以練習在資安健診中建立第一章到第十章的資料夾，並移到「下載」資料夾下「資安健檢」下「各章範例」資料夾中，以便放置書中各章在讀者自己電腦產生的檔案。並請注意除書中練習的檔案可用剪下貼上移動資料夾外，其餘 C、D 磁碟機中原有的檔案，請用複製貼上方式來練習，避免重要系統檔案移位，造成 windows 系統無法正常開機。

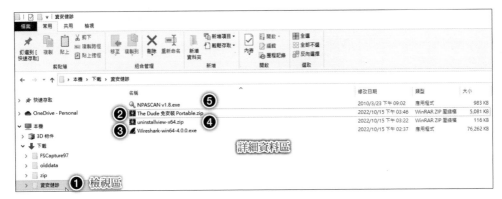

圖 1-11　下載本書需用軟體至資安健診資料夾完成示意圖

　　網管軟體 The Dude 是網通硬 / 軟體製造商 Mikrotik 所開發出來，可快速知道各設備連線狀況，以及自動繪製區域網路拓撲圖等，而 Dude 4.0 Beta3 是該軟體最近一次的更新版本。

　　我們接下來練習解壓縮 The Dude 免安裝 Portable. Zip 到資安健診資料夾下「The Dude 免安裝 Portable」子資料夾。

STEP 1 ▷ 如圖 1-12 所示，檔案總管開啟後，左方檢視區用滑鼠左鍵點選「下載」資料夾向右的 > 符號使其展開，再用左鍵點選「資安健診」資料夾，然後點選 The Dude 免安裝 Portable.zip（注意都是在左方檢視區，編號 1）。然後右方的詳細資料區就會顯示出壓縮檔案的內容，是一個資料夾。我們在功能表區，點「解壓縮全部」（編號 2）。

圖 1-12　用檔案總管解壓縮 ZIP 壓縮檔

STEP 2 接著如圖 1-13 解壓縮位置選擇「C:\Users\user\Downloads\ 資安健診」（編號 1 的位置，注意我們有刪除一些文字，使解壓縮目的地為資料健診資料夾），然後按下「解壓縮」（編號 2）。

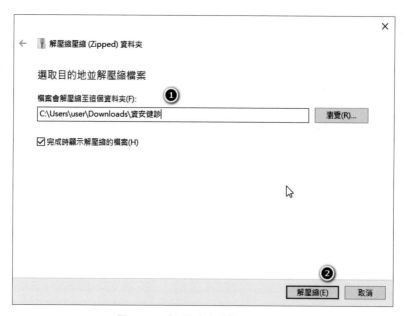

圖 1-13　解壓縮位置操作示意圖

現在我們觀察一下「【下載】自動搜尋網路拓撲軟體網路管理工具 The Dude 免安裝 Portable」資料夾，這名稱實在是太長了，所以我們想要將其重新命名（大多數的壓縮檔都需要重新命名），操作方法如下：

STEP 1 如圖 1-14 所示，首先檢視區用滑鼠左鍵點「資安健診」資料夾（編號 1），然後用滑鼠左鍵在詳細資料區（編號 3）點選「【下載】自動搜尋網路拓撲軟體網路管理工具 The Dude 免安裝 Portable」資料夾，接著在功能表區（編號的位置）點選「重新命名」，此時詳細資料區（編號 3）會反黑，即可輸入新名稱（請練習輸入 The Dude 免安裝 Portable）。

圖 1-14 重新命名資料夾名稱

STEP 2 如圖 1-15 所示，詳細資料區中顯示，資安健診資料夾下已經有重新命名的「The Dude 免安裝 Portable」資料夾（編號 1）。

圖 1-15　完成資料夾重新命名

 Tips

請讀者練習 Nirsoft uninstallview-x64 的解壓縮到資安健診資料夾並且檢視是否需重新命名為 uninstallview-x64。（細心的讀者在實作時會發現，這個範例中已經預設名稱為 uninstallview-x64）

1.2.4　軟體安裝說明──以 Wireshark 為例

Wireshark 安裝在 C 磁碟機（系統磁碟機）的程式集，步驟如下：

STEP 1 如圖 1-16 所示，開啟檔案總管，資安健診資料夾下，在詳細資料區用滑鼠左鍵點二下 Wireshark-win64-4.0.0.exe（編號 1）開始執行安裝。

圖 1-16 安裝 Wireshark──從檔案總管執行安裝檔

STEP 2 如圖 1-17 所示,安裝畫面第一步,按下「Next」(編號 1)。

圖 1-17 Wireshark 安裝畫面一

STEP 3 如圖 1-18 所示，安裝畫面第二步，顯示授權條款，閱讀後按下「Noted」（編號 1）。

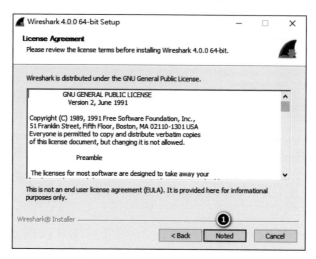

圖 1-18 Wireshark 安裝畫面二

STEP 4 如圖 1-19 所示，安裝畫面第三步，原預設有部分的工具（Tools）沒有安裝，按下「Tools」左邊的方框，讓勾勾打勾（編號 1），然後按「Next」（編號 2）。

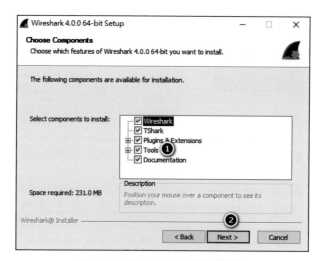

圖 1-19 Wireshark 安裝畫面三

STEP 5 如圖 1-20 所示，安裝畫面第四步，將「Wireshark Quick Launch Icon」
打勾（編號 1），然後按「Next」（編號 2）。

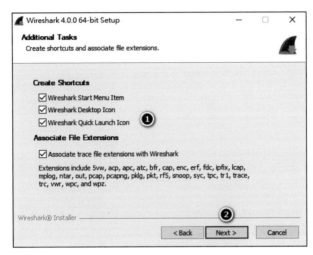

圖 1-20　Wireshark 安裝畫面四

STEP 6 如圖 1-21 所示，安裝畫面第五步，確認安裝位置（Destination Folder）
為「C:\Program Files\Wireshark」（編號 1），然後按「Next」（編號 2）。

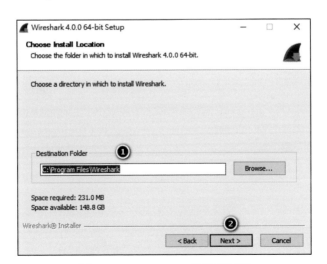

圖 1-21　Wireshark 安裝畫面五

STEP 7 如圖 1-22 所示，安裝畫面第六步，將「Install Npcap 1.71」打勾（編號 1），然後按「Next」（編號 2）。

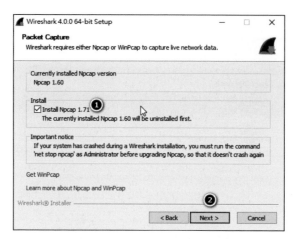

圖 1-22　Wireshark 安裝畫面六

STEP 8 如圖 1-23 所示，安裝畫面第七步，將「Install USBPCap 1.5.4」打勾（編號 1），（圖中編號 2 因為筆者的電腦先前已經有安裝 Wireshark，所以會顯示，讀者新安裝時直接在編號 1 位置打勾即可）然後按「Install」（編號 3）。

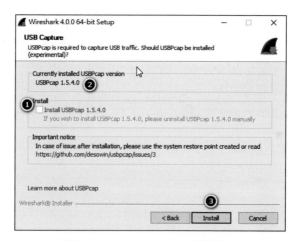

圖 1-23　Wireshark 安裝畫面七

STEP 9 如圖 1-24 所示，安裝畫面第八步，在 Wireshark 安裝過程中會跳出這個視窗，讀者可以用滑鼠左鍵點「I Agree」（編號 1），以安裝 Wireshark 所需要用到的 Npcap。

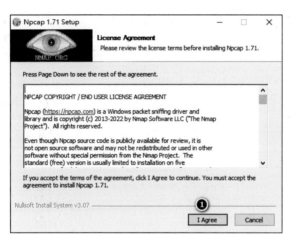

圖 1-24　Wireshark 安裝畫面八

STEP 10 如圖 1-25 所示，安裝畫面第九步，在 Wireshark 安裝過程中會跳出這個視窗，讀者可以用滑鼠左鍵勾選「Support raw 802.11 traffic（and monitor mode）for wireless adapters」（編號 1），然後按「Install」（編號 2）。

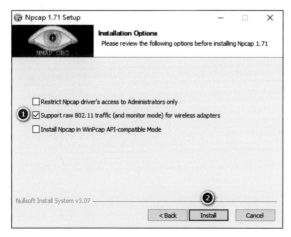

圖 1-25　Wireshark 安裝畫面九

STEP 11 如圖 1-26 所示，安裝畫面第十步，按「Next」（編號 1）。

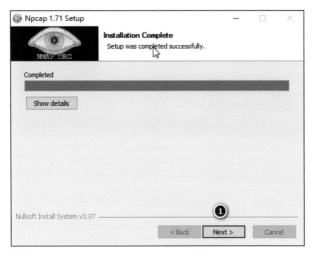

圖 1-26　Wireshark 安裝畫面十

STEP 12 如圖 1-27 所示，安裝畫面第十一步，按「Finish」（編號 1）。

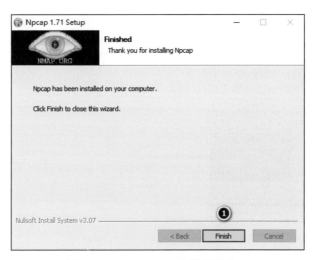

圖 1-27　Wireshark 安裝畫面十一

STEP 13 如圖 1-28 所示，安裝畫面第十二步，按「Next」（編號 1）。

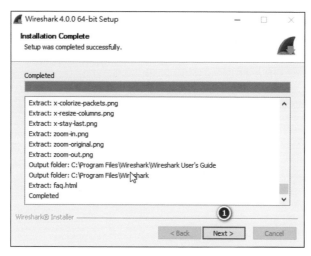

圖 1-28　Wireshark 安裝畫面十二

STEP 14 如圖 1-29 所示，安裝畫面第十三步，按「Finish」（編號 1）。

圖 1-29　Wireshark 安裝畫面十三

1.2.5 軟體執行說明——以 NPASCAN 為例

各種軟體安裝在 Windows 後，實際使用時，都是去執行該程式的執行檔，通常執行檔的副檔名為 exe 或 com。以下我們來執行資安健診資料夾裡 NTPSCAN 這個執行檔來練習。

STEP 1 開啟檔案總管，如圖 1-30 所示，進到下載資料夾的資安健診子資料夾（編號 1），然後用滑鼠左鍵快點二下 NPASCAN v1.8.exe（編號 2）。

圖 1-30 練習執行系統中的執行檔

STEP 2 如圖 1-31，程式即開始執行。之後本書中將直接書明開啟 OO 程式，請讀者逕行從資安健診資料夾或桌面（Wireshark）執行該程式。

圖 1-31 NPASCAN 惡意程式掃描軟體執行畫面示意圖

📝 **Tips**

全書中用到的四個程式，其執行檔分別為：

1. Dude 4.0：C:\Users\user\Downloads\ 資安健診 \The Dude 免安裝 Portable\ dude.exe。

2. Wireshark 4.0.0：桌面 Wireshark 捷徑圖示點選後執行。亦可執行 "C:\ Program Files\Wireshark\Wireshark.exe"。

3. Nirsoft UninstallView v1.47：C:\Users\user\Downloads\ 資安健診 \uninstallview-x64\ UninstallView.exe。

4. NPASCAN1.8：C:\Users\user\Downloads\ 資安健診 \ NPASCAN v1.8.exe。

請讀者分別執行這四個執行檔，之後章節說明執行 OO 軟體時，只會限於這四個軟體，讀者忘記了就回到本小節來做練習。「C:\Users\user\Downloads\」就相當於檔案總管在檢視區點「下載」。

而舉一反三，如果要執行記事本（notepad.exe）或 word.exe，只要知道位置，讀者也可以輕鬆執行，不過這屬於其他書籍的領域範圍，在此不贅敘。

● 1.3 命令列指令執行說明

1.3.1 命令列指令執行──以 CMD（命令提示字元）為例

　　如圖 1-32 所示，Winodws 桌面的左下角，有一個搜尋方塊，在本書中將會很多次的用到這個搜尋方塊，在裡面輸入文字，像是 CMD（命令提示字元），就可以執行程式，步驟如下（有興趣的讀者可以在這個搜尋方塊搜尋記事本、Word 或其它您想的到的搜尋字串）。

STEP 1 〉 如圖 1-32 所示，在搜尋方塊輸入 CMD（編號 1），然後點選「以系統管理員身份執行」（編號 2）。

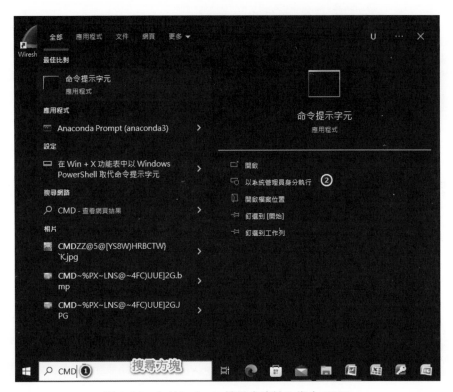

圖 1-32　在 Windows 搜尋方塊輸入指令 CMD

STEP 2 〉 如圖 1-33 接著在 C：\windows\system32> 的後面就可以輸入指令。

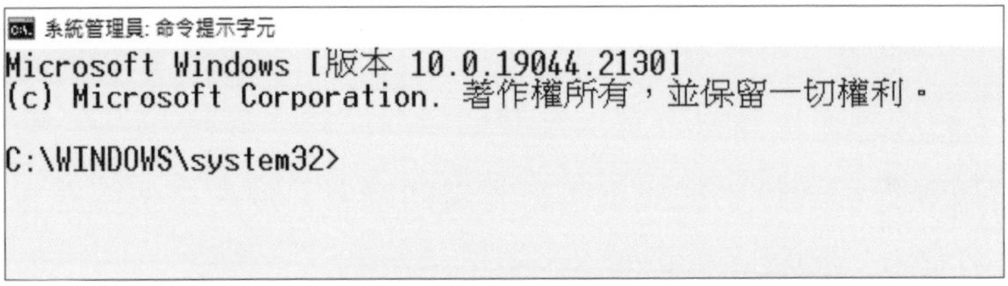

```
系統管理員: 命令提示字元
Microsoft Windows [版本 10.0.19044.2130]
(c) Microsoft Corporation. 著作權所有，並保留一切權利。

C:\WINDOWS\system32>
```

圖 1-33　系統管理員：命令提示字元示意圖

STEP 3 dir 是列出檔案名稱的命令，接著 d：*.* 是要列出 D 磁碟機裡面的檔案；> 是轉向命令，不由螢幕輸出而轉向後面接的檔案 d:\dir.txt（d 磁碟機根目錄下的 dir.txt 文字檔）。

Microsoft Windows [版本 10.0.19044.2130]

(c)Microsoft Corporation. 著作權所有，並保留一切權利。

C:\WINDOWS\system32>dir d:*.* >d:\dir.txt

1.3.2 移動檔案（結合剪下和貼上）—— 以 **Dir.txt** 為例

在本書中，我們會多次使用到 Windows 系統內建的程式，將系統或檔案的狀態輸出到文字檔，而因為下載資料夾 C:\Users\user\Downloads\ 資安健診\（就是前面檔案總管中所提到的下載資料夾裡的資安健診資料夾）太長，所以本書會將螢幕輸出轉向到 D 磁碟機的根目錄 + 檔名，例如前開的 d:\dir.txt。

而當我們要將該檔案移動到資安健診資料夾裡的各章範例所對應的章節，則可以參考下列的步驟所示：

STEP 1 如圖 1-34 所示，開啟檔案總管並在檢視區（編號 1）點選 D 磁碟機，在詳細資料區（編號 2）點選 dir.txt，然後在功能表區點選「剪下」（編號 3）。

圖 1-34　剪下 D 磁碟機檔案示意圖

STEP 2〉 如所示檔案總管檢視區依次點選下載資料夾＼資安健診資料夾（編號
　　　 1）＼各章範例（編號 2）＼下面各章的資料夾，以本章為例，點選第
　　　 一章（編號 3）。在詳細資料區點選一下滑鼠左鍵（編號 4），然後用
　　　 滑鼠左鍵點選功能表區的「貼上」圖示（編號 5）。

圖 1-35　貼上檔案到各章範例的第一章資料夾下示意圖

STEP 3 　如圖 1-36 所示，此時 dir.txt 就完成貼上到第一章的資料夾了。

圖 1-36　完成貼上檔案到各章範例的第一章資料夾

1.3.3　以 Excel 開啟文字檔案做資料剖析──
　　　以 Dir.txt 為例

在本書中，主要是使用 Excel 資料剖析功能，對書中範例所提到的文字檔案做「欄位區隔」的動作。（即將原始的文字檔案，分成幾欄來呈現），區隔的方式可以用「固定寬度」（每隔一段寬度就切成一欄）或「分隔符號」（例如遇到逗號或空白時就切成一欄）。這二個區隔方式，我們分別來做練習。

固定寬度資料剖析的操作流程如下：

STEP 1〉開啟 Excel（可參考圖 1-1，點選視窗下方編號 3）。

STEP 2〉按左上角 Office 按鈕（編號 1），就會開出選單，點選「開啟舊檔」
（編號 2）。

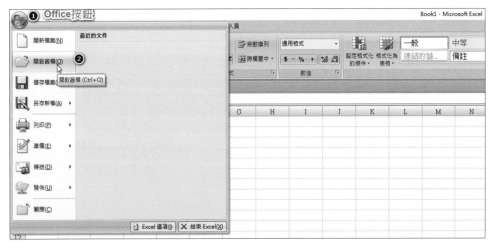

圖 1-37　Excel 開啟舊檔示意圖

STEP 3 〉 接著在開啟舊檔的視窗中，如圖 1-38 所示，在檢視區依次點選下
載（編號 1）、資安健診（編號 2）、各章範例（編號 3）、第一章（編
號 4），此時會列出「第一章」資料夾中所有的檔案，但是讀者會發
現是空的。（因為文字檔副檔名是 txt，而 Excel 開啟舊檔預設是開啟
xls,xlsx 等 Excel 檔案）所以，我們接下來在檔案開啟選項區點選下拉
式選單（編號 5，用滑鼠左鍵點向下的符號）然後選所有檔案（*.*），
此時詳細資料區就會顯示 dir.txt，用滑鼠左鍵點一下該檔案（編號
6）。最後在檔案開啟選項區（編號 7）點「開啟」即可用 Excel 開啟
此文件檔。

圖 1-38　開啟舊檔視窗示意圖

STEP 4 如同本小節前面敘述的，原始資料類型有二種，一種是用逗號
（csv）或空白（txt）區隔的檔案；另一種是資料中每隔固定寬度（例
如 YYYY MM DD，即 1-4 切一欄 5-6 切一欄 7-8 切一欄）即可區隔為
一列的檔案。如圖 1-39 所示，讀者可以先觀察預覽檔案（編號 3），
想一想如果我們要把這個檔案匯進來切成幾欄，應該要用什麼資料類
型呢？可以用固定寬度，第一欄先切到「下午」這二個字之前的字元
數（寬度），第二欄切到 <DIR> 的 < 符號之前的字元數（寬度）。於
是讀者在原始資料類型選「固定寬度」（編號 1）然後將捲軸下拉預覽
看看這個檔案（編號 2 與編號 3），然後按下「下一步」（編號 4）。

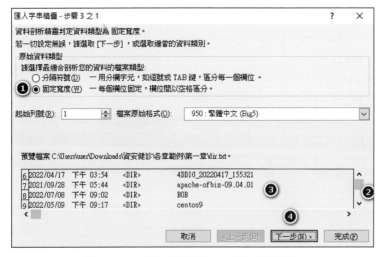

圖 1-39　匯入字串精靈 3-1（固定寬度）

STEP 5 如圖 1-40 所示，Excel 自動幫我們做好分欄，我們如何調整呢？首先
下午和 09：17 被分成二欄，這是不對的，所以我們對分欄線點二下
滑鼠左鍵取消該分欄線（編號 1）；另外我們用滑鼠左鍵拖曳 <DIR>
右邊的分欄線到 centos9（編號 2，從 31 拖曳到 40），再按下「下一
步」（編號 3）。

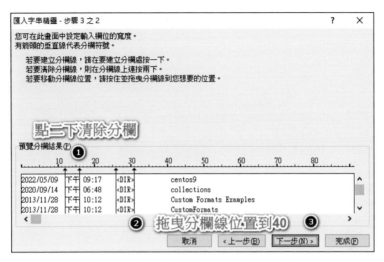

圖 1-40　匯入字串精靈 3-2（固定寬度）

STEP 6 接著我們可以預覽分欄結果，如圖 1-41 所示，欄位的資料格式，通常是用預設值（一般）不用調整。（編號 1）偶爾有欄位不想匯入時（編號 2），在此步驟我們可以選「不匯入此欄」（註：點選預覽分欄結果的每個標示為一般的欄位，即可設定個別欄位要不要匯入），然後按下「完成」（編號 3）。

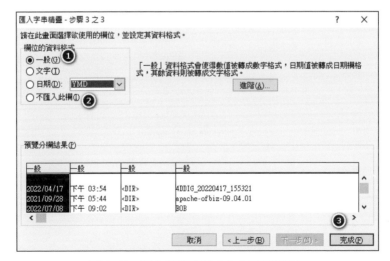

圖 1-41　匯入字串精靈 3-3（固定寬度）

STEP 7 如此即完成文字檔匯入，注意如圖 1-42 目前開啟的是 dir.txt（編號 1）。

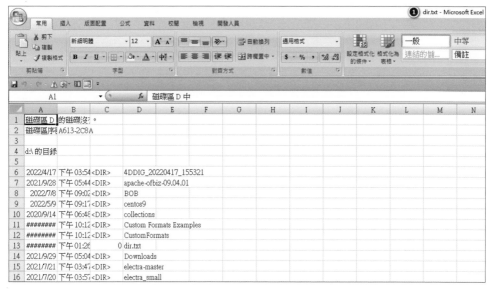

圖 **1-42** 完成文字檔匯入示意圖（固定寬度）

STEP 8 接著我們來練習存檔，如圖 1-43 所示，我們按下「F12」（另存新檔），系統會跳出存檔視窗。首先存檔類型選「Excel 活頁簿（*.xlsx）」（編號 1），然後檢查檔案名稱（編號 2），接著按下儲存（編號 3）。

圖 1-43　練習存檔為 Excel 格式（dir）示意圖

再來我們同樣用 dir.txt，來練習文字檔匯入，但使用分隔符號的方式。

STEP 1 ～ STEP 3 ＞ 開啟 Excel、開啟舊檔 dir.txt 同前面步驟。

STEP 4 ＞ 如圖 1-44 所示，讀者可以先觀察預覽檔案（編號 1 是捲軸，下拉可以看到預覽檔案的全貌），想一想如果我們要把這個檔案匯進來切成幾欄，應該要用什麼資料類型呢？請看紅色箭頭，可以分成四欄而且用空白來分隔，但是問題來了，空白的數量不一要怎麼辦？不要擔心，Excel 有提供將數個分隔符號視為單一的功能。所以我們可以放心選原始資料類型為「分隔符號」（編號 2），然後按「下一步」（編號 3）。

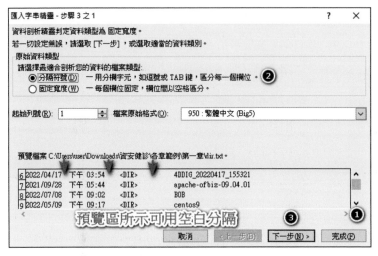

圖 1-44　匯入字串精靈 3-1（分隔符號）

STEP 5 在本書中，分隔符號會用到的只有逗號（CSV 格式）、Tab 鍵（定位點格式）和空格（TXT 格式），根據我們前一步驟的分析，dir.txt 這個檔案適合用空白分隔，於是如所圖 1-45 所示我們把 Tab 選項勾勾去掉，改勾選空格（編號 1），然後勾選連續分隔符號視為單一處理（編號 2）。完成後按「下一步」（編號 3）。

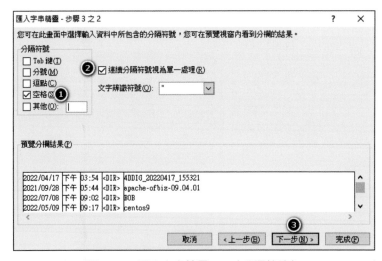

圖 1-45　匯入字串精靈 3-2（分隔符號）

STEP 6 〉接著我們可以預覽分欄結果，如圖 1-46 所示，欄位的資料格式，通
常是用預設值（一般）不用調整。細心的讀者可以發現下午和 03：
54 被分成二欄而且不能修改（編號 1、2 的位置），這是因為中間有
空格，被視為分欄符號。這顯示範例的 dir.txt 比較適合用固定寬度分
隔。但我們書中，分隔符號會具有一定作用，我們目前先按下「完
成」（編號 3）。

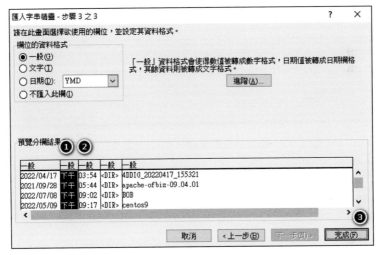

圖 1-46　匯入字串精靈 3-3（分隔符號）

STEP 7 〉接著我們來練習存檔，如圖 1-47 所示，我們按下「F12」（另存新
檔），系統會跳出存檔視窗。首先存檔類型選「Excel 活頁簿（*.xlsx）」
（編號 1），然後檢查檔案名稱，設定為「dir-1」（編號 2，和前面 dir.xls
區隔），接著按下儲存（編號 3）。

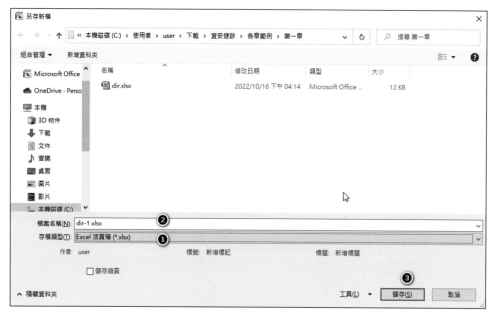

圖 1-47　練習存檔為 Excel 格式（dir-1）示意圖

STEP 8　如圖 1-48 所示，如此即完成文字檔匯入與檔案儲存，注意如目前開啟的是 dir-1.xlsx（編號 1）。

圖 1-48　完成文字檔匯入與儲存為 Excel 示意圖（分隔符號）

● 1.4 開始功能表中的「設定」功能

在本書中，寫到開啟功能表中的「設定」功能時，其操作步驟如下：

STEP 1 > 如圖 1-49 所示點選桌面左下角「視窗」鍵（編號 1），然後用滑鼠左
鍵點選一下「設定」（編號 2）。

圖 1-49　視窗鍵與設定示意圖

STEP 2 此時如圖 1-50 所示，即開啟設定功能。

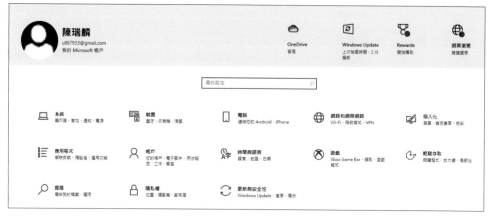

圖 1-50 設定功能表列示意圖

CHAPTER

02

網路架構檢視

讀 過這一章後，我們將可以學習到網路拓撲圖的繪製、常見網路拓撲圖、
網路拓撲常見錯誤樣態。

● 2.1 網路架構部署表現（網路架構設計、電腦設備配置、備援機制）

2.1.1 網路拓撲圖自動產生軟體

網路拓撲結構，是指用傳輸媒體互連各種設備的物理佈局，就是用什麼方式把網路中的電腦等設備連接起來。而網路拓撲圖，就是指將這種網路連接結構呈現出來的圖形。例如下圖就是一個簡單的網路拓撲圖。

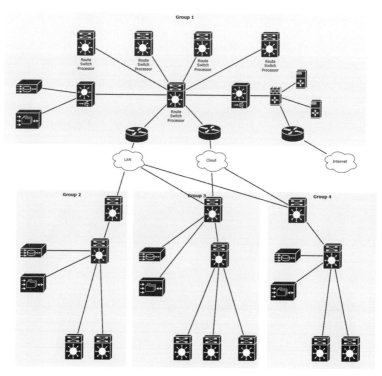

圖 2-1 簡單網路拓撲圖示意圖

如圖 2-1 所示，一個網路拓撲圖，可以看見連網的設備和設備間如何連接。而對於辦公室環境來說，有時我們想知道，究竟有多少設備連接在我們目前的區域網路上，此時我們就可以用 Dude 這套軟體來達成。

STEP 1 如開啟檔案總管，檢視區點選下載（編號 1）/資安健診（編號 2）/The Dude 免安裝 Portable（編號 3），然後詳細資料區點選執行「dude.exe」（編號 4）。

圖 2-2　開啟檔案總管執行 dude.exe

STEP 2 第一次執行 Dude 時，Windows 的防火牆會跳出圖 2-3 所示的警訊，此時我們可以允許 dude.exe 在這些網路上通訊：「私人網路，例如家用或工作場所網路」打勾（編號 1）、「公用網路，例如機場和咖啡廳網路」打勾（編號 2）然後按下「允許存取」（編號 3）。

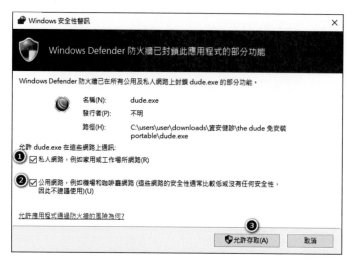

圖 2-3　Windows 安全性警訊——Dude

STEP 3 　如圖 2-4 所示，程式名稱為 The Dude 4.0 beta3（編號 1）系統會自
動帶出連網的設備，目前可以看到有 192.168.1.101（編號 2）、ID-PC
（192.168.1.100）（編號 3）、192.168.1.1（編號 4）三台機器。

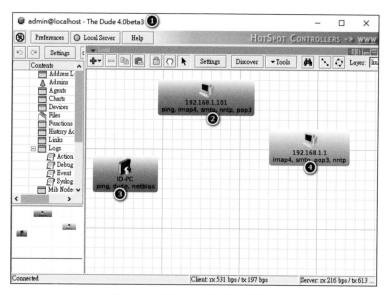

圖 2-4　系統自動帶出連網設備

STEP 4 如圖 2-5 所示點選「Preferences」偏好（編號 1），按向下的選單
（編號 2），然後「Langurage」語言選「chinese-traditional」繁體中文
（編號 3）然後按「Ok」（編號 4）。

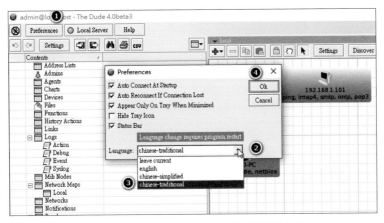

圖 2-5　偏好設定──設定語言為繁體中文

STEP 5 按住「Alt」鍵後按「F4」關閉 Dude 後再依 STEP 1 執行 Dude，介
面顯示為繁體中文。接著為了讓系統自動掃描連網設備，如圖 2-6 所
示，我們可以點選上方選單的「搜索」（編號 1）。

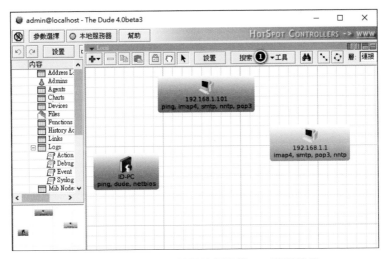

圖 2-6　使用 Dude 搜尋連網設備──點選搜尋

STEP 6 如圖 2-7 所示，網路輸入正確位置（192.168.1.0/24），「添加網路到
自動掃描」（編號 1）、「搜索完成之後規劃地圖」（編號 2）二個勾勾
都勾選，掃描網路輸入「192.168.1.0/24」（編號 3）然後按下搜索
（編號 4）。

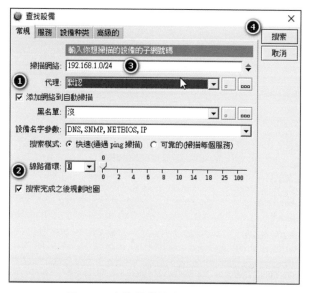

圖 2-7　查找設備設定畫面示意圖

Tips

192.168..1.0/24 會搜尋 192.168.1.0~255共有 256 個 IP 位置。

子網路遮罩是 255.255.255.0。在左下角命令列輸入 cmd，然後輸入 ipconfig
/all，出現的 IPV4 位址就是目前電腦所用的 IP。

圖 2-7 中系統會預設帶出掃描網路（編號 3），只要將 24 改為 16 或 8，搜尋
的範圍就會加大。請讀者依自己辦公室、電腦教室或家中環境填寫合適的 IP
位置（可請資訊人員協助）。

STEP 7　如圖 2-8 所示，有線和無線設備均會被搜尋畫出，接著我們對
hitronhub.home（編號 1）快點二下滑鼠左鍵。

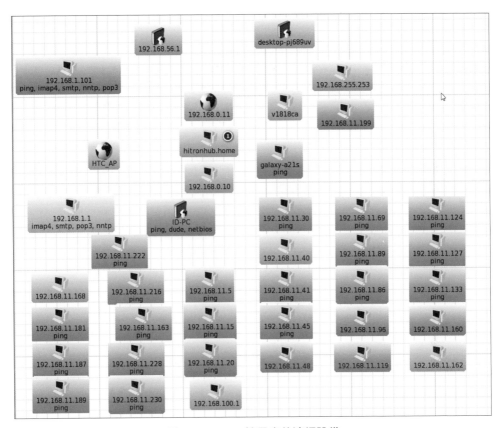

圖 2-8　Dude 搜尋出的連網設備

STEP 8 然後選擇種類，如圖 2-9 所示，點向下的三角形（編號 1）選 Router，
然後按「完成」（編號 2）後圖示會改變。

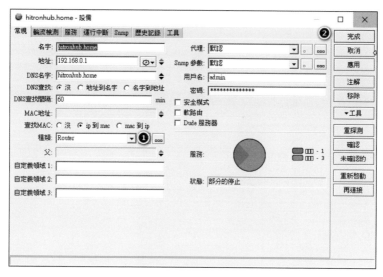

圖 2-9　修改設備種類

種類的對照表如下：

1. 未知。

2. Birdge（橋接器）：一種網路裝置，負責網路橋接（network bridging）。
   橋接器將網路的多個網段在資料鏈路層（OSI 模型第 2 層）連接起來。

3. DNS Server（網域名稱系統）：它將人們可讀取的網域名稱（例如，
   www.amazon.com）轉換為機器可讀取的 IP 地址（例如，192.0.2.44）。

4. Dude Server：Dude 自己本身的伺服器，可以收集 client 端的資訊。

5. FTP Server：讓檔案從 A 用戶端裝置移動到 B 用戶端另一台裝置的應用
   程式。

6. HP Jet Direct：印表機伺服器。

7. IMAP4 Server（網際網路訊息存取通訊協定）：使用者可透過電腦或行動裝置上的多個電子郵件用戶端登入，並讀取相同的訊息。信箱中所完成的所有變更將會在多個裝置上同步處理，而且只有在使用者刪除電子郵件時，才會將郵件從伺服器中移除。您可以同時使用多部電腦和裝置登入。

8. Mail Server（又稱為郵件伺服器）：一種利用網路來處理與傳送電子郵件的服務器。

9. Mikro Tik Device：MikroTik 的產品主要包括各種網路設備、不帶外殼的 RouterBOARD 電路板等硬體（開發 Dude 軟體的公司）。

10. News Server（新聞伺服器）：將網際網路新聞群與新聞讀者、顧客及其他伺服器交換的電腦或程式。

11. POP3 Server：POP3 是將電子郵件收到電腦上，再決定是否保留在主伺服器。

12. Printer：網路印表機。

13. Router（路由器）：路由器主要功能是連接不同網路，然後路由器通過乙太網電纜或 Wi-Fi 網路將該 Internet 連接傳遞到您家中的其他設備。

14. Some Device：某設備，和未知類似。

15. Switch（交換器）：交換器是一種負責網路介接（network bridging）的網路硬體設備，會讀取網路卡的 MAC 位址來轉發資料，將資料準確地送達目的地，交換器的工作是負責將資料準確送達，建立整個網路運作的基礎，現在大多數的企業都是使用交換器連接電腦、印表機、攝影機、照明設備和伺服器。

16. Time Server（時間伺服器）：一種伺服器，它從參考時鐘獲取實際時間，再利用電腦網路把時間資訊傳遞給用戶。

> 17. Web Server（網站伺服器）：存放網路伺服器軟體、還有網站檔案（如
> HTML 文件、圖片、CSS 樣式表、JavaScript 檔案）的電腦。
>
> 18. Windows Computer（安裝 Windows 系統的電腦）：Win10/Win11。

STEP 9 如圖 2-10 所示，Hitronhub.home 的圖示變更為路由器（請和圖 2-8
比較）。

圖 2-10　Hitronhub.home 的圖示

STEP 10 如圖 2-11 所示，點選其中一台連網設備，例如 192.168.56.1（編號
1），按選單左中加號（編號 2），選「連接」（編號 3）。

圖 2-11　連網設備的連接方式（一）

STEP 11 如圖 2-12 所示，拉線到 192.168.11.40，種類選「Wireless」（編號 1）（註：依實際連線的種類選擇）再按下「完成」（編號 2）。

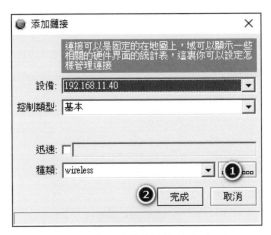

圖 2-12　連網設備的連接方式（二）

STEP 12 如圖 2-13 所示，192.168.56.1 和 192.168.11.40之間即連接在一起。

圖 2-13　連網設備的連接方式（三）

種類的對照表如下：

1. Ethernet：乙太網路，是一種電腦區域網路技術。IEEE 組織的 IEEE 802.3 標準制定了乙太網路的技術標準，它規定了包括實體層的連線、電子訊號和媒介存取控制的內容。

2. Fast Ethernet：高速乙太網物理層以 100 Mbit / s 的標稱速率傳輸流量。以前的乙太網速度為 10 Mbit / s。

3. Gigabit Ethernet：以每秒 1G 以上速度傳輸的乙太網路。

4. Point to Point（點對點）：兩台橋接裝置相互連接。

5. Some Link：等同未知。

6. VLAN（虛擬區域網路）：就是「邏輯網路」（Logical LAN），是指利用特定的技術將實際上並不一定連結在一起的工作站以邏輯的方式連結起來。

7. Wireless（無線網路）：任何形式的無線電電腦網路，普遍和電信網路結合在一起，不需電纜即可在節點之間相互連結。

2.1.2　網路拓撲圖介紹

拓撲的種類相當廣，一般都是起源於四個基本格式：匯流排、環狀、星狀和網狀。

一、匯流排拓撲（邏輯）

如圖 2-14 所示，匯流排拓撲有時稱為線條、線性、骨幹或乙太網路拓撲，這透過纜線將每台電腦連接到中央「匯流排」，並且只有兩個端點。換句話說，如果中央「匯流排」瓦解，整個網路也會瓦解。不過，現在除了學校電腦教室以外，已經很少會有匯流排拓撲了。

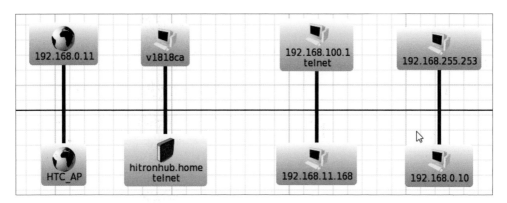

圖 2-14　匯流排拓撲

二、環狀拓撲（邏輯）

在這種網路組態中，裝置以圓形路徑連接，因此每個網路裝置會與「環狀網路」中的其他兩個裝置連結，如圖 2-15 所示。而當資料封包傳輸到一個裝置時，它們必須行經整個環圈才能到達目的地。大部分環狀拓撲都是單向，表示資料只能單向移動。另外，雙向（雙向資料行徑）網路也可行。環狀拓撲常用於工業自動化有線網路中。此種技術的遲低延且可靠度相當高，常常加上自行研發的方法避免迴路並處理鏈路失效的問題。

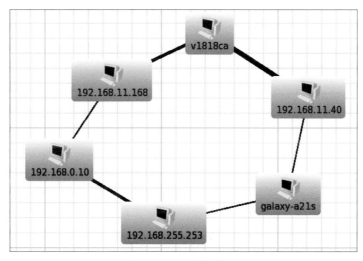

圖 2-15　環狀拓撲圖

三、星狀拓撲（實體）

　　星狀拓撲具有一個中央集線器或交換器做為伺服器，而有週邊裝置做為用戶端。所有資料在前往連線裝置之前都行經集線器或交換器。現在辦公室和家用的有線、無線 WiFi 網路，大多是屬於星狀拓撲。例如作者家中的無線網路，有二台手機、四台電腦連接到路由器，就是採星狀拓撲。

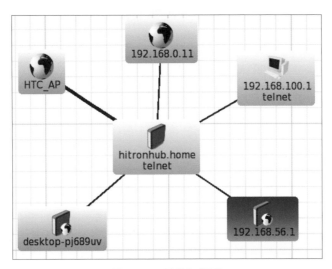

圖 2-16　星狀拓撲圖

四、網狀拓撲（實體和邏輯）

　　如圖 2-17 所示，網狀拓撲一般用於無線網路，並且連接電腦和網路裝置。在完整的網狀拓撲中，會連接所有節點，而局部的網狀拓撲中，網路中至少有兩個節點會連接到該網路中多個其他節點。像是車聯網或未來的 5G，就會採用網狀拓撲。

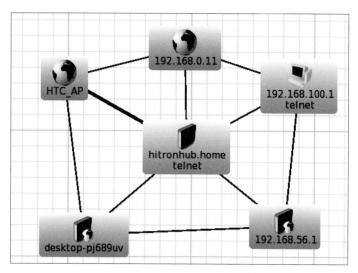

圖 2-17　網狀拓撲圖

五、實體拓撲的基本準則

可以考量下列幾項條件：

① 網路環境中的工作站主機與網路元件的數量。

② 欲使用的纜線容錯能力。

③ 工作站主機與網路元件的異動率。

④ 維護與安裝的容易度。

⑤ 建置的成本費用。

2.1.3　如何判讀網路拓撲圖的資安

如圖 2-18 所示，hitronhub.home 這台路由器連接了四台無線設備和一台有線設備，這是典型家用網路和小型辦公室的網站拓撲。路由劃分主要用以了解公司對外的路由規劃，透過管理表可以清楚確認對外的路由節點，機關對外的路由規畫可能為靜態或動態路由，平日應該清楚標註路由讓管理人員能夠確認，並定

期更新，將整理結果留存，定期確認是否有差異，若有異動時再行增刪。公司依據特定需求可將部分區域執行實體隔離。網路架構圖主要提供網管人員能夠簡單快速了解網路架構、線路狀態、備援狀態、重要節點網路設備、重要伺服器、區域分隔與對應 IP 網段、樓層 VLAN 分隔、重要設備實體位置標註。

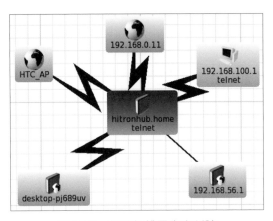

圖 2-18　網路拓撲圖資安判讀

📝 **Tips**

請在網路上找拓撲圖，參照前面的解說，試著說明圖型的概要與資安考量。

並請讀者搜尋「靜態路由」、「動態路由」，確實了解其中的差異。

表格 1　網路架構常見錯誤樣態 [1]

項次	錯誤樣態	可能影響
1	使用者、遠端 VPN（虛擬私人網路通道）網段與內部伺服器網段未進行區分。	使用者可能存取未授權的資源。
2	放置 Web 伺服器的 DMZ 網段可直接存取 AP 伺服器（應用軟體伺服器）與資料庫伺服器（資料庫伺服器）所在的內部網段，未經過適當的存取控制。	DMZ 可存取內部，當 DMZ 遭受入侵時可能藉此進入內部網路。

1　錯誤樣態參考自 https://ctts.nccst.nat.gov.tw/DownloadZone/DownloadFile?id=13230 資料 P36,P37

項次	錯誤樣態	可能影響
3	未適當區分區域，例如 DMZ 區為對外網路，內部網路宜區分為開發區、測試區、上線區。	上線區與測試區或開發區未予區隔，當測試區或開發區若有異常時，可能影響上線作業。
4	對網際網路僅具備單一線路，未規畫故障備援機制。	當聯外線路故障時，會造成對內外間服務連線中斷。
5	未區分 VLAN，將所有使用者與伺服器置於同一 VLAN 中。	無法針對伺服器進行適當存取控制。

2.1.4　資訊資產盤點──電腦設備配置清單

上一節繪製出網路拓撲圖後，就可以開始編製表格 2 的電腦設備配置清單，要留意拓撲圖上有顯示，但找不到的設備；也要留意拓撲圖上未顯示，但實際上有在使用的設備。

表格 2　電腦設備配置清單

設備名稱	位置	IP	保管人
路由器	機房	192.168.1.1	Bob
Linux VM	研發部	192.168.1.40	Bob
商用電腦	商用	192.168.56.1	Mom
V1818CA 手機	BYOD[2]	192.168.1.151	Bob
HP32a0a0 印表機	研發部	192.168.1.192	Bob
商用電腦	商用	192.168.1.100	Dad
Desktop-pj689uv	商用	192.168.1.68	Bob
Galaxy-a21s	BYOD	192.168.1.129	Dad

填表人：　　　　　審批：　　　　　日期：

2　自攜電子設備（BYOD, Bring Your Own Device）。

STEP 1 　使用 Dude 搜索子網域，按下「搜索」（編號1）。

圖 2-19　搜索子網域

STEP 2 　如圖 2-19 所示，網路輸入正確位置（192.168.1.0/24），「添加網路
到自動掃描」（編號1）、「搜索完成之後規劃地圖」（編號2）二個勾
勾都勾選，掃描網路輸入「192.168.1.0/24」（編號3）然後按下搜索
（編號4）。

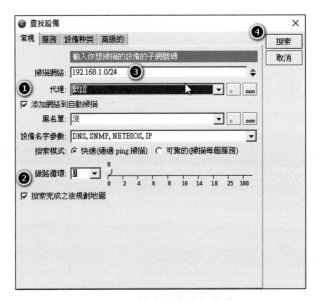

圖 2-20　搜索（查找）設備

STEP 3 　依搜索結果補正表格 1 的電腦設備配置清單。

 Tips

表格 1 和圖 2-18 都是網管人員必須要重視的，表格方便勾稽，圖則方便做區
隔和功能的檢視。

2.1.5 資訊資產盤點──電腦安裝程式清單

STEP 1 如圖 2-21 所示，在左下角 Windows 搜尋方塊中輸入「CMD」（編號 1），然後點選「以系統管理員身份執行（編號 2）。

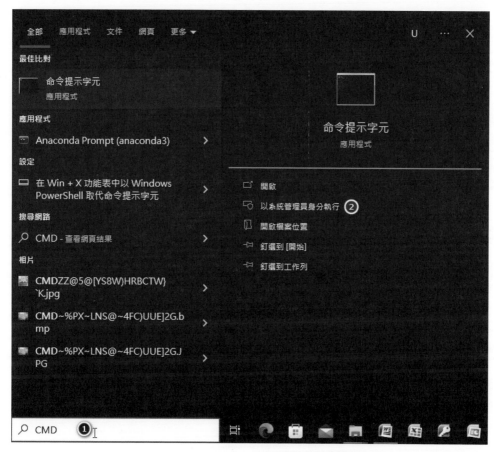

圖 2-21　命令提示字元（以系統管理員身分執行）

STEP 2 然後依序輸入以下三行指令（注意檔案是放在 D 磁碟機）。

```
1. wmic
2. /output:D:\list.csv product get InstallLocation , description ,
   name , version , vendor  /format:csv
3. 跑完之後輸入 exit 跳出
```

輸出結果如下：

```
範例二之一：使用 wmic 指令用來將電腦中安裝的程式列成清單存在 D 磁
碟機 list.csv 檔案

C:\WINDOWS\system32>wmic

wmic:root\cli>/output:D:\list.csv product get InstallLocation , description ,

name , version , vendor /format:csv

wmic:root\cli>exit
```

STEP 3 可以用的選項及參數如下。

使用方式：

```
#/output表示輸出  冒號後面接要輸出的檔案名稱，以此例來說為D磁碟機下的list.csv
#get後面接要顯示的屬性（見表格 3），用逗號隔開
#最後是輸出格式，用/符號開始format:csv是代表用逗號分隔之文字檔，csv可代換為html、
txt
/output:D:\list.csv product get InstallLocation , description , name ,
version , vendor  /format:csv
```

可以使用下列屬性如所示：

表格 3　wmic 可使用屬性一覽表（列出電腦中安裝的程式）

屬性	意義
Description	程式名稱
IdentifyingNumber	編號
InstallDate	安裝日期
InstallLocation	安裝位置
InstallState	安裝狀態
Name	程式名
PackageCache	安裝時之快取檔案放置位置
SKUNumber2	見註釋 2
Vendor	廠商名稱
Version	版本

STEP 4 ▷ 將 D:/list.csv 檔案移動到下載區 / 資安健診 / 各章範例 / 第二章中（參見 1.3.2 小節）。

STEP 5 ▷ 用 Excel 打開 list.csv 並加以整理（參見 1.3.3 小節，使用分隔符號並以逗號為分隔符號），然後存檔為 list.xls。

STEP 6 ▷ 完成之電腦安裝程式清單如表格 4。

表格 4　電腦安裝程式清單

Node	Description	InstallLocation	Name	Vendor	Version
DESKTOP-PJ689UV	SmartPKI 簽章 / 加密 / 解密元件		SmartPKI 簽章 / 加密 / 解密元件	Zhanxin Company Inc. 展信資訊有限公司	6.0.0.9
DESKTOP-PJ689UV	Skype Meetings App	C:\Users\user\AppData\Local\Microsoft\SkypeForBusinessPlugin\16.2.0.511\	Skype Meetings App	Microsoft Corporation	16.2.0.511

Node	Description	InstallLocation	Name	Vendor	Version
DESKTOP-PJ689UV	SmartPKI 簽章 / 加密 / 解密元件 x64		SmartPKI 簽章 / 加密 / 解密元件 x64	Zhanxin Company Inc. 展信資訊有限公司	6.0.0.9
DESKTOP-PJ689UV	健保卡片驗證元件		健保卡片驗證元件	衛生福利部中央健康保險署	1.0.8
DESKTOP-PJ689UV	Manager	D:\Users\user\AppData\Roaming\Manager\	Manager	NGSoftware Pty Ltd	21.9.27
DESKTOP-PJ689UV	Microsoft Office Enterprise 2007	C:\Program Files（x86）\Microsoft Office\	Microsoft Office Enterprise 2007	Microsoft Corporation	12.0.6612.1000
DESKTOP-PJ689UV	Microsoft Office OneNote MUI（Chinese（Traditional））2007	C:\Program Files（x86）\Microsoft Office\	Microsoft Office OneNote MUI（Chinese（Traditional））2007	Microsoft Corporation	12.0.6612.1000
DESKTOP-PJ689UV	Microsoft Office Groove Setup Metadata MUI（Chinese（Traditional））2007	C:\Program Files（x86）\Microsoft Office\	Microsoft Office Groove Setup Metadata MUI（Chinese（Traditional））2007	Microsoft Corporation	12.0.6612.1000
DESKTOP-PJ689UV	Microsoft Office InfoPath MUI（Chinese（Traditional））2007	C:\Program Files（x86）\Microsoft Office\	Microsoft Office InfoPath MUI（Chinese（Traditional））2007	Microsoft Corporation	12.0.6612.1000

填表人： 審批： 日期：

判讀程式異常的方法：

STEP 1 首先我們要開啟 Excel 的篩選功能，首先在頁籤區選「常用」（編號 1），然後在功能表區選「排序與篩選」（編號 2），再從功能表細項選「篩選」（編號 3），此時活頁簿每一欄會多出一個向下的三角形以便篩選（編號 4）。

圖 2-22　開啟 Excel 篩選功能示意圖

STEP 2 如圖 2-23 所示，用 Excel 篩選 InstallLocation 為空白的程式，首先
遊標移到 InstallLocation 欄位，點選向下的三角形（編號 1），然後將
「全選」前的勾勾去掉（編號 2），代表全部不選，然後將「（空格）」
前的勾勾勾選，代表要篩選此欄位中內容為空格（空白）的。（編號
3），再按下「確定」（編號 4）。

圖 2-23　文字篩選示意圖

STEP 3 如表格 5 所示，逐一清查 Vendor 的名稱，確定都是一些知名的大公
司（展信資訊、衛生福利部、Microsoft、HP、中華郵政），就比較可
以放心。

表格 5　Vendor 名稱一覽表

Node	Description	InstallLocation	Name	Vendor	Version
DESKTOP-PJ689UV	SmartPKI 簽章 / 加密 / 解密元件		SmartPKI 簽章 / 加密 / 解密元件	Zhanxin Company Inc. 展信資訊有限公司	6.0.0.9
DESKTOP-PJ689UV	SmartPKI 簽章 / 加密 / 解密元件 x64		SmartPKI 簽章 / 加密 / 解密元件 x64	Zhanxin Company Inc. 展信資訊有限公司	6.0.0.9
DESKTOP-PJ689UV	健保卡片驗證元件		健保卡片驗證元件	衛生福利部中央健康保險署	1.0.8
DESKTOP-PJ689UV	Microsoft Office File Validation Add-In Microsoft Visual C++ 2022 X64 Minimum Runtime - 14.32.31332		Microsoft Office File Validation Add-In	Microsoft Corporation	14.0.5130.5003
DESKTOP-PJ689UV	Microsoft Visual C++ 2010 x64 Redistributable - 10.0.40219		Microsoft Visual C++ 2022 X64 Minimum Runtime - 14.32.31332	Microsoft Corporation	14.32.31332
DESKTOP-PJ689UV	SQL Server 2019 Common Files		Microsoft Analysis Services OLE DB 提供者	Microsoft Corporation	15.0.2000.568
DESKTOP-PJ689UV	PS_AIO_07_B110_SW_Min		PS_AIO_07_B110_SW_Min	Hewlett-Packard	140.0.365.000
DESKTOP-PJ689UV	HPProduct Assistant		HPProduct Assistant	Hewlett-Packard	140.0.298.000

Node	Description	InstallLocation	Name	Vendor	Version
DESKTOP-PJ689UV	Microsoft ODBC Driver 17 for SQL Server		Microsoft ODBC Driver 17 for SQL Server	Microsoft Corporation	17.7.2.1
DESKTOP-PJ689UV	SQL Server 2019 Common Files		SQL Server 2019 Common Files	Microsoft Corporation	15.0.2000.5
DESKTOP-PJ689UV	中華郵政 WebATM 交易元件		中華郵政 WebATM 交易元件	中華郵政	1.1.4
DESKTOP-PJ689UV	Microsoft Help Viewer 2.3		Microsoft Help Viewer 2.3	Microsoft Corporation	2.3.28107
DESKTOP-PJ689UV	Network64		Network64	Hewlett-Packard	140.0.306.000
DESKTOP-PJ689UV	中華郵政網路 ATM 元件		中華郵政網路 ATM 元件	中華郵政	1.14.53
DESKTOP-PJ689UV	SQL Server 2019 SQL Polybase Java		SQL Server 2019 SQL Polybase Java	Microsoft Corporation	15.0.2000.5

填表人：　　　　　　　審批：　　　　　　　日期：

STEP 4 〉新心資安科技提供「安全程式市集」的 Google 表單（如圖 2-24 所示），網址為 https://newmindsec.blogspot.com/p/blog-page_11.html 企業的網路管理者或個人可以將前述步驟所得到，感覺有異狀的程式，透過提交表單的方式提供給本公司，本公司收到後將會進行研判。

安全程式市集

新心資安科技提供企業（含NGO）在做資安健診時，針對電腦安裝的程式安全與否，提供查詢與建議

eapdb20211116@gmail.com 切換帳戶

*必填

電子郵件 *

你的電子郵件

Node *

您的回答

Description *

您的回答

圖 2-24　安全程式市集

STEP 5　研判結果會寫在下面這個 Google 試算表（如圖 2-25）：

https://docs.google.com/spreadsheets/d/19ZgfDYgALr-rP4JBu-GG7xLG50JzMSKddcCh5LJ2zZY/edit?usp=sharing

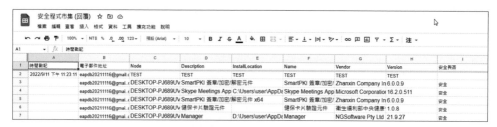

圖 2-25　安全程式市集（線上試算表網址）

Tips

請從書附範例檔案中開啟 task.xlsx，嘗試填寫表格 4，然後撰寫一個分析報告，檢視其安全性以及查詢每個程式的用途。

2.1.6 資訊資產盤點──電腦執行程式清單

STEP 1 如圖 2-26 所示，在左下角 Windows 搜尋方塊中輸入「CMD」（編號 1），然後點選「以系統管理員身份執行」（編號 2）。

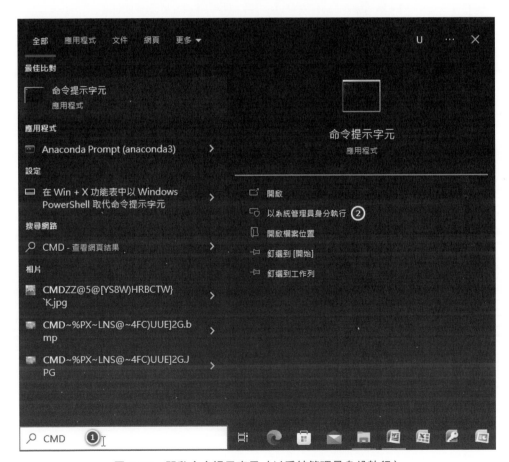

圖 2-26 開啟命令提示字元（以系統管理員身份執行）

STEP 2 接著輸入 tasklist /v /fo csv >D:/tasklist.csv。

輸出結果如下：

範例二之二：使用 tasklist 指令用來將電腦中執行的程式列成清單存在 D 磁

碟機 tasklist.csv 檔案。

C:\WINDOWS\system32>tasklist /v /fo csv >D:/tasklist.csv

#fo 的有效值："TABLE"、"LIST"、"CSV"

TASKLIST [/S system [/U username [/P [password]]]]

　　　　　　 [/M [module] | /SVC | /V] [/FI filter] [/FO format] [/NH]

描述：此工具會顯示本機或遠端電腦上，目前正在執行中的處理程序清單。

參數清單：

/S	system	指定要連線的遠端系統。
/U	[domain\]user	指定要執行命令的使用者內容。
/P	[password]	指定給定之使用者內容的密碼。
		如果省略，會出現密碼輸入要求。
/M	[module]	使用指定的 exe/dll 名稱列出所有工作。如果沒有
		指定模組名稱，則會顯示所有已載入的模組。
/SVC		顯示每個處理程序中所主控的服務。
/APPS		顯示「Microsoft Store 應用程式」及其相關的程序。

/V		顯示詳細工作資訊。
/FI	filter	顯示符合篩選器指定條件的工作組。
/FO	format	指定輸出格式。有效值：\"TABLE\"、\"LIST\"、\"CSV\"。
/NH		指定不要在輸出中顯示的欄標題。
		只有在 \"TABLE\" 與 \"CSV\" 格式有效。
/?		顯示說明訊息。

 Tips

嘗試解讀下列指令的涵義

1. TASKLIST
2. TASKLIST /V /FO CSV
3. TASKLIST /SVC /FO LIST
4. TASKLIST /S system /FO LIST

將這些指令參考範例二之二，嘗試執行並檢視成果。

STEP 4 將 D:\tasklist.csv 檔案移動到下載區 / 資安健診 / 各章範例 / 第二章中
（參見 1.3.2 小節）。

STEP 5 用 Excel 打開 tasklist.csv 並加以整理（參見 1.3.3 小節，使用分隔符
號並以逗號為分隔符號），然後存檔為 tasklist.xls。

STEP 6 完成並整理好之電腦安裝程式清單節錄如表格 6。

那麼同樣的，我們也想知道如何檢視異常，檢視方法首先先要篩選欄位。

STEP 1 首先我們要開啟 Excel 的篩選功能，首先在頁籤區選「常用」（編號 1），然後在功能表區選「排序與篩選」（編號 2），再從功能表細項選「篩選」（編號 3），此時活頁簿每一欄會多出一個向下的三角形以便篩選（編號 4）。

圖 2-27　檢視執行程式異常（一）

STEP 2 如所示，然後再點選 RAM 使用量，按向下的三角型（編號 1），將「全選」勾勾去掉（編號 2）。此時全部都沒打勾。再逐一將大於 100000K（約 100MB）的項目打勾。（如編號 3、4 的位置）然後按「確定」（編號 5）。

圖 2-28　檢視執行程式異常（二）

表格 6　電腦執行程式清單

映像名稱	PID	工作階段名稱	工作階段 #	RAM使用量	狀態	使用者名稱	CPU時間	視窗標題
chrome.exe	2672	Console	3	330,200 K	Running	DESKTOP-PJ689UV\user	00:04:57	檢視執行中的程序 - 1 - iT 邦幫忙 :: 一起幫忙解決難題，拯救 IT 人的一天 - Google Chrome
explorer.exe	12732	Console	3	305,084 K	Running	DESKTOP-PJ689UV\user	00:01:35	不適用
Memory Compression3	2276	Services	0	260,852 K	Unknown	不適用	00:02:13	不適用
MsMpEng.exe4	4164	Services	0	231,812 K	Unknown	不適用	00:18:32	不適用
chrome.exe	11520	Console	3	229,440 K	Running	DESKTOP-PJ689UV\user	00:02:42	不適用
chrome.exe	8048	Console	3	218,184 K	Unknown	DESKTOP-PJ689UV\user	00:01:45	不適用
chrome.exe	8732	Console	3	213,620 K	Unknown	DESKTOP-PJ689UV\user	00:01:20	不適用
chrome.exe	13600	Console	3	212,488 K	Unknown	DESKTOP-PJ689UV\user	00:02:51	不適用
chrome.exe	14120	Console	3	194,184 K	Unknown	DESKTOP-PJ689UV\user	00:00:19	不適用
QQ.exe	13644	Console	3	175,088 K	Running	DESKTOP-PJ689UV\user	00:01:51	不適用
HxOutlook.exe5	10548	Console	3	168,220 K	Not Responding	DESKTOP-PJ689UV\user	00:00:17	不適用
chrome.exe	11800	Console	3	163,088 K	Unknown	DESKTOP-PJ689UV\user	00:00:36	不適用
svchost.exe	2024	Services	0	159,796 K	Unknown	不適用	00:12:20	不適用
Skype.exe	11008	Console	3	143,364 K	Running	DESKTOP-PJ689UV\user	00:00:14	Rtc Video PnP Listener
PhoneExperienceHost.exe	6016	Console	3	124,900 K	Running	DESKTOP-PJ689UV\user	00:00:04	不適用

映像名稱	PID	工作階段名稱	工作階段 #	RAM使用量	狀態	使用者名稱	CPU時間	視窗標題
chrome.exe	11568	Console	3	106,636 K	Unknown	DESKTOP-PJ689UV\user	00:00:21	不適用
chrome.exe	7672	Console	3	105,596 K	Unknown	DESKTOP-PJ689UV\user	00:00:04	不適用
SearchApp.exe	12244	Console	3	104,644 K	Running	DESKTOP-PJ689UV\user	00:00:07	搜尋
WINWORD.EXE	14828	Console	3	100,508 K	Running	DESKTOP-PJ689UV\user	00:00:59	資安健診自己來（DIY）.docx - Microsoft Word

填表人：　　　　　　審批：　　　　　　日期：

佔用記憶體特別多的檔案，像是 chrome.exe 就是 Google 瀏覽器，經過排查佔記憶體大的程式，如果沒用到，就可以設定為「Windows 啟動時不執行」（接下來要談如何設定）。

STEP 1 ▷ 如何設定「啟動時不執行」，如圖 2-29 所示，首先點選 Windows 圖示（編號 1），選「設定」（編號 2）（可參考 1.4 節）。

圖 2-29　設定功能示意圖

STEP 2 〉 如圖 2-30 所示,點選「應用程式」(編號 1)。

圖 2-30　應用程式位置示意圖

STEP 3 〉 如圖 2-31 所示,在應用程式選單區點選「啟動」(編號 1)然後把不
需要在系統啟動時執行的程式點選「關閉」開關(編號 2、3、4 的位
置)(例如 QQ),而如果發現有佔記憶體大的應用程式,卻在啟動區
找不到,則要注意可能是惡意程式。

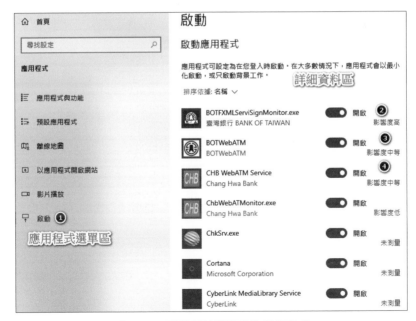

圖 2-31　關閉系統啟動時執行的程式

STEP 4 > 如圖 2-32 所示，新心資安科技提供「Windows 執行程式市集」的

Google 表單，網址為 https://newmindsec.blogspot.com/p/windows.html。

Windows執行程式市集

新心資安科技提供企業（含NGO）在做資安健診時，針對電腦現執行的程式安全與否，提供查詢與建議

eapdb20211116@gmail.com 切換帳戶

*必填

電子郵件 *

你的電子郵件

映像名稱 *

您的回答

PID *

您的回答

圖 2-32　Windows 執行程式市集示意圖

企業的網路管理者或個人可以將前述步驟所得到，感覺有異狀的程式，透過提交表單的方式提供給本公司，本公司收到後將會進行研判。

STEP 10 > 如圖 2-33 所示研判結果會寫在下面這個 Google 試算表：

https://docs.google.com/spreadsheets/d/1tS1_Q1cF0dGN4ChPoDNS

ougpk53uNgcg5zzWeoo47zc/edit#gid=156497831

映像名稱	PID	工作階段名稱	工作階段 #	RAM使用量
System Idle Process	0	Services	0	8 K
System	4	Services	0	16,224 K
StartMenuExperienc	68	Console	3	69,816 K
Registry	100	Services	0	64,920 K

圖 2-33　windows 執行程式市集──結果研判

Tips

請從書附範例檔案中開啟 tasklist.xlsx，嘗試填寫表格 6，然後撰寫一個分析報告，檢視其安全性以及是否有需要關閉程式的執行。

2.1.7 備份及還原

談到備份和還原，辦公室最重要的看二個指標：RTO 和 RPO。

RTO（Recovery Time Objective，復原時間目標）是可容許服務中斷的時間長度。比如說發生事故後半天內便需要恢復，RTO 數值就是十二小時。

RPO（Recovery Point Objective，復原點目標）是指數據中心能容忍的最大資料丟失量，是指當業務恢復後，恢復得來的資料所對應時間點，RPO 取決於資料恢復到怎樣的更新程度，這種更新程度可以是上一周的備份數據，也可以是昨天的數據，這和數據備份的頻率有關。

通常辦公室的電腦不能使用的情況，有：

一、APT 進階持續性滲透攻擊（Advanced Persistent Threat, APT）可能持續幾天，幾週，幾個月，甚至更長的時間。APT 攻擊可以從蒐集情報開始，這可能會持續一段時間。它可能包含技術和人員情報蒐集。情報收集工作可以塑造出後期的攻擊，這可能很快速或持續一段時間。然後硬碟被加密，公司被勒贖。

二、硬體損毀，尤其是硬碟損毀。

三、安裝 windows 更新所導致的系統不能正常運作。

所以還原有分成資料還原和系統還原。遇到情況一時，首先企業的資訊人員要先清查出受影響的範圍並且拔除網路線。讓被加密不能開機的電腦實體隔

離。然後給辦公室人員備用機並且做資料還原。至於實體隔離的電腦可以至下列網站找看看有沒有解密程式：

https://www.nomoreransom.org/zht_Hant/index.html

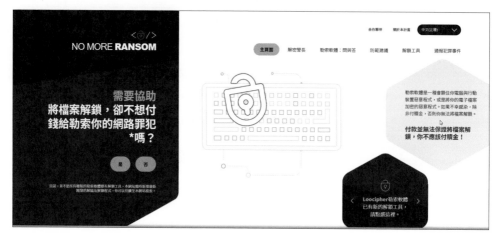

圖 2-34　解密警長網站示意圖

情況二則是要聯繫公司配合的資訊廠商，購買新的硬碟並安裝作業系統（Windows 11），然後再做資料還原。

情況三要儘量避免，方法是用 WSUS，最基本的 WSUS 部署是由公司防火牆內的一部伺服器組成，可在私人內部網路上服務用戶端電腦。WSUS 伺服器會連線到 Microsoft Update 下載更新。這稱為「同步處理」。在同步處理期間，WSUS 會判斷上次同步處理後是否有任何新的更新。[3] 然後將辦公室的電腦分成測試環境和生產環境。每當 WSUS 伺服器接收到新的微軟更新時，就先更新到測試環境，一段時間沒有問題，才更新到同仁的生產環境。

3　https://docs.microsoft.com/zh-tw/windows-server/administration/windows-server-update-services/plan/plan-your-wsus-deployment#11-review-considerations-and-system-requirements。

　　至於辦公室個人資料的備份與還原，應編製如下表 7、8，每個使用 winows 的使用者，其桌機電腦硬碟，桌面、文件、下載、圖片的資料夾不應放置重要資料，僅係臨時性使用性質（也就是說每日業務上重要資料都存在連接桌機的隨身碟），每週五備份在外接式硬碟。而重要業務所在的隨身碟，不定時的備份在外接式硬碟。[4] 而系統的備份，可以用 Winodws 的系統還原功能，在下一節會解說。如此完成序號 1-6 個人工作所需要資料的備份。

表格 7　個人資料備份清單

序號	備份內容	備份頻率	備份方式	復原點目標
1	桌面	每週五	外接式硬碟	一星期
2	文件	每週五	外接式硬碟	一星期
3	下載	每週五	外接式硬碟	一星期
4	圖片	每週五	外接式硬碟	一星期
5	隨身碟	不定時	外接式硬碟	一星期
6	系統	安裝新程式（或每週）	系統內建	能正常開機
7	內部網站【資料】	隨時	Google 硬碟	24 小時
8	外部網站【資料】	每日	Google 硬碟	12 小時
9	內外部網站網頁【網頁】	隨時	公司伺服器或託管業者	12 小時

填表人：　　　　　　審批：　　　　　　日期：

4　以該網頁為例，5TB 外接式硬碟只需 3790 元，辦公室同仁可以每人發一個：https://24h. pchome.com.tw/prod/DRAM07-A900BKOZQ

內部網站、外部網站的資料，則建議製作網站地圖（範例如下圖 2-35），不同顏色代表不同單位保管的資料。在發生資通安全事故時，由存在系統伺服器和公司伺服器的資料先進行還原做為第一道防線。如果還原的資料不夠新，再以存在 Google 硬碟及各部門網站管理人員的桌機硬碟裡面的資料做為第二道和第三道防線。第四道防線則是各部門人員的隨身碟資料。建立起防禦縱深，可以讓企業應變的能力增加。

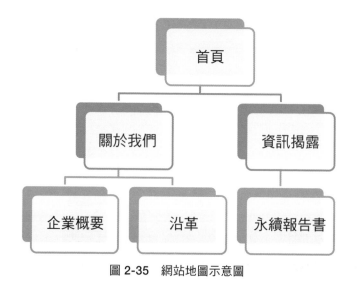

圖 2-35　網站地圖示意圖

每一段時間，公司應該要每月（或至少每半年）演練還原測試，並填寫表格 8 個人資料還原清單，月底（最後一週）選一天，測試開啟外接式硬碟中的檔案是否可正確運作。至於序號 7 到 9，公司的內外部網站，則是每個月在測試機做還原測試。

表格 8　個人資料還原清單

序號	備份內容	還原測試頻率	備份媒體	備註
1	桌面	月	外接式硬碟	每月底測試
2	文件	月	外接式硬碟	每月底測試
3	下載	月	外接式硬碟	每月底測試
4	圖片	月	外接式硬碟	每月底測試
5	隨身碟	月	外接式硬碟	每月底測試
6	系統	安裝重大更新程式時（測試機）	系統內建	不測試
7	內部網站【資料】	月	Google 硬碟 外接式硬碟	每月底於測試機測試
8	外部網站【資料】	月	Google 硬碟 外接式硬碟	每月底於測試機測試
9	內外部網站網頁【網頁】	月	公司伺服器或託管業者 外接式硬碟	每月底於測試機測試

填表人：　　　　　　審批：　　　　　　日期：

　　內外部網站的網頁，應儘可能以檔案超連結（至 Google 硬碟）方式，使用者有興趣再自行點選下載檔案做閱讀。這樣有幾個好處：1. 網頁中不含重要資訊，如果網站受到無法還原的刪除時，有檔案就很容易可以讓各部門負責人員重建。2. 伺服器中檔案係依部門陳列資料夾，定時燒錄成 DVD 片供部門網站負責人員保存。3. 伺服器上傳時可要求填寫檔案說明，私人檔案或重要不適合公開之檔案不會放到該伺服器上，如此伺服器的空間不會太大，如果有誤傳檔案情事也很容易釐清責任。

2.1.8　Windows 系統還原

STEP 1 〉 如圖 2-36 所示，在 Windows 左下角「在這裡輸入文字來搜尋」的方
塊裡輸入「還原點」（編號 1），然後選「建立還原點」（編號 2）。

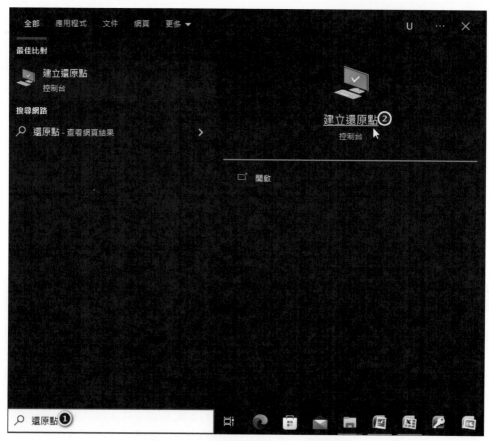

圖 2-36　執行系統保護功能──還原點

STEP 2 如圖 2-37 所示，點選 C 磁碟機（系統磁碟）（編號 1），然後選「設
定還原設定、管理磁碟空間，以及刪除還原點」（編號 2）。

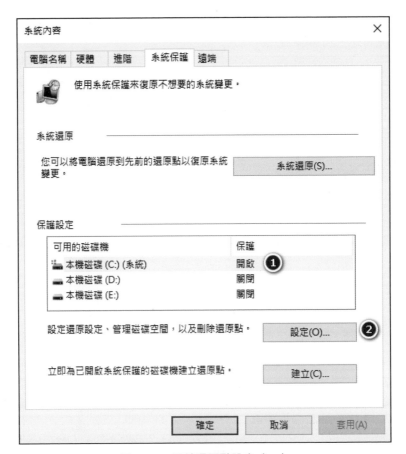

圖 2-37　系統還原點設定（一）

STEP 3 如圖 2-38 所示，首先確認建立還原點的磁碟機是 C 磁碟機，也就
是系統磁碟機（編號 1）點選「開啟系統保護」（編號 2），再按確定
（編號 3）。之後如果有新增移除程式或系統更新，C 磁碟機就會設立
還原點，以供還原。

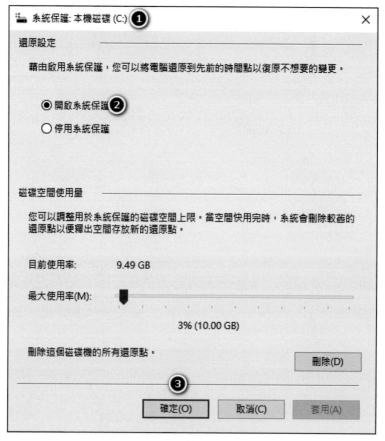

圖 2-38　系統還原點設定（二）

 Tips

請讀者自行練習為 D 磁碟機建立系統還原點設定。

接著我們來演練系統還原：

STEP 1 日後當需要還原系統時仍然是搜尋「還原點」，如圖 2-39 所示，在 Windows 左下角「在這裡輸入文字來搜尋」的方塊裡輸入「還原點」 (編號 1)，然後選「建立還原點」(編號 2)。

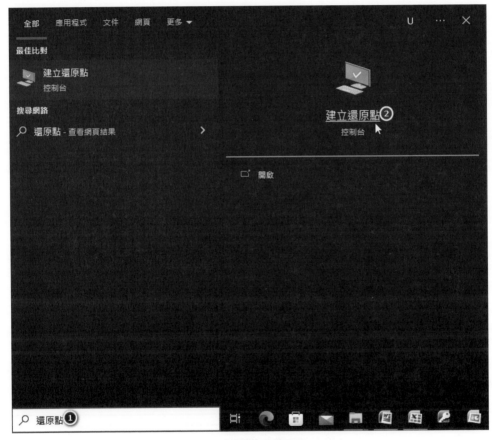

圖 2-39　搜尋「還原點」

STEP 2 如圖 2-40 所示，點選「系統還原」（編號 1）。

圖 2-40　系統還原操作（一）

STEP 3 首先跳出來的是資訊確認視窗，直接用滑鼠左鍵按下「下一步」（編號 1）。

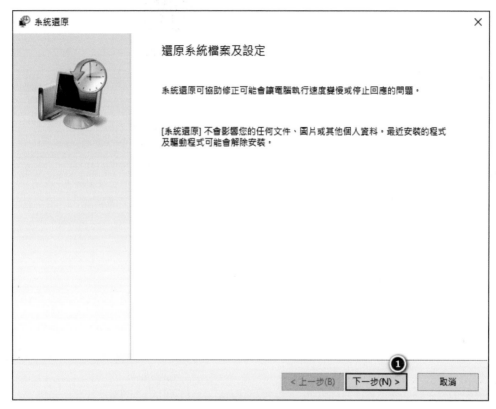

圖 2-41　系統還原操作（二）

STEP 4 此時會列出來可用的系統還原點，有三欄分別為日期和時間（編號
1）、描述（編號 2）、類型（編號 3），請繕打至後面表格 9，然後選
「下一步」（編號 4）。

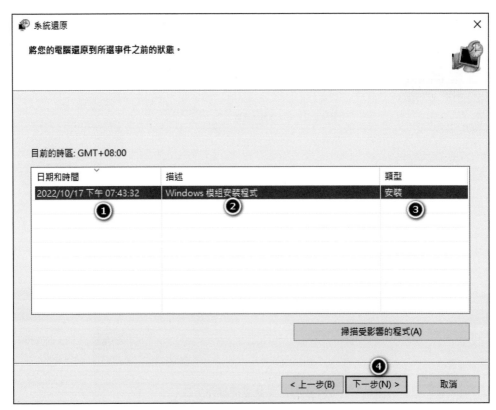

圖 2-42　系統還原操作（三）

STEP 5 如圖 2-43 所示，最後按下完成（編號 1），系統即開始進行還原。透過這樣的操作，可以解決系統更新後無法正常使用的問題。

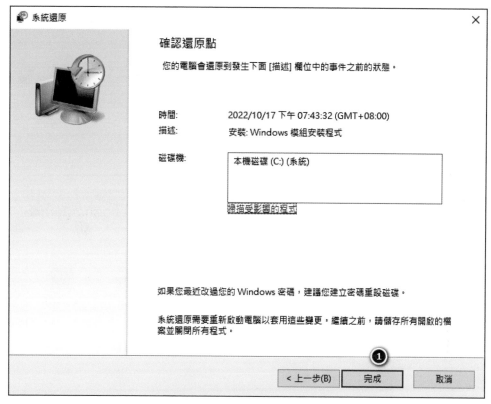

圖 2-43 系統還原操作（四）

表格 9 個人電腦還原點現況統計表，單位應每個月更新彙總，以便了解每位同仁的個人電腦還原點現況、最近系統更新情形。

表格 9 個人電腦還原點現況統計表

還原點日期時間	還原點名稱	備註
2022/10/17 下午 07:43:32	Windows 模組安裝程式	安裝

填表人： 審批： 日期：

2.1.9　部門使用 Google 硬碟管理內外部網站

　　每個 Google 帳號附的 Google 硬碟有 15G，用於內部網站的「個別」資料儲存是很充裕的。而外部網站則可以購買 Google One 進階版 2TB（每個月台幣 275）以公司名義申請的帳號（可供 5 個人共用）。

申請 Google One 的流程如下：

STEP 1　用公司名義申請好一個 Google 帳號，登入後如圖 2-44 所示，首先確認帳號無誤（編號 1），然後點選 9 個控點的圖示（編號 2），再點選「網路硬碟」（編號 3）。

圖 2-44　網路硬碟相關操作示意圖（一）

STEP 2 如圖 2-45 所示點選左方的「購買儲存空間」（編號 1）。

圖 2-45　網路硬碟相關操作示意圖（二）

STEP 3 如圖 2-46 所示，點選「按年」「進階版」「開始使用」（每月 330 元的方案）（編號 1），接著依指示操作。

圖 2-46　網路硬碟相關操作示意圖（三）

　　而為了方便備份，可以下載雲端硬碟電腦版。對外網站的資料用前開公司名義申請的帳戶，用網管人員的電腦操作；內部網站的資料則各個部門保存，也可以分別下載雲端硬碟電腦版。需注意在安裝雲端硬碟電腦版後，用此軟體從同仁桌機上刪除檔案時，雲端檔案也會同時刪除。

STEP 1 〉如圖 2-47 所示，點選設定（編號 1）／下載電腦版雲端硬碟（編號 2）。

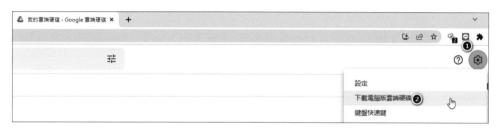

圖 2-47　網路硬碟相關操作示意圖（四）

STEP 2 〉如圖 2-48 所示，點選「下載雲端硬碟電腦版」（編號 1）。

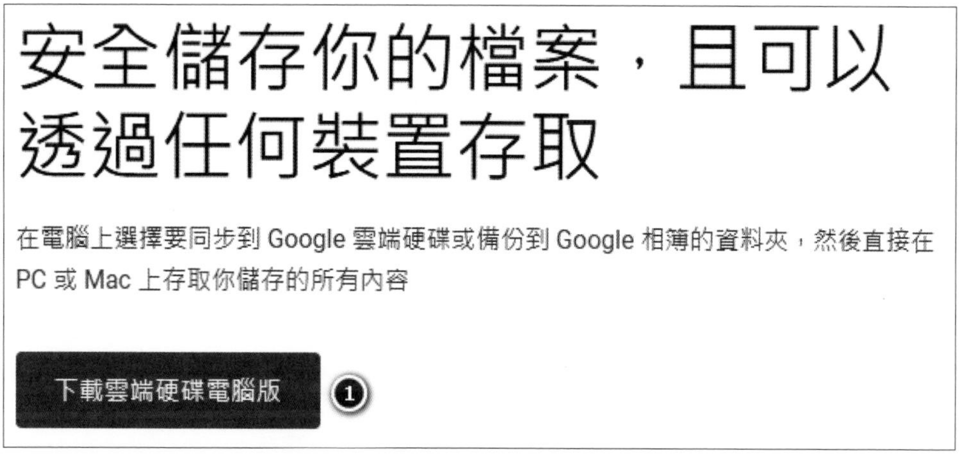

安全儲存你的檔案，且可以透過任何裝置存取

在電腦上選擇要同步到 Google 雲端硬碟或備份到 Google 相簿的資料夾，然後直接在 PC 或 Mac 上存取你儲存的所有內容

下載雲端硬碟電腦版　①

圖 2-48　網路硬碟相關操作示意圖（四）

STEP 3 如圖 2-49 所示，安裝妥（參考 1.2.4 小節做安裝）開啟，並且登入帳號，之後直接在檔案總管中即可看到一個新的磁碟[5]。從檢視區點選「Google Driver」（編號 1），然後再點選「我的雲端硬碟」（編號 2），詳細資料區就會顯示硬碟裡的資料（編號 3）。

圖 2-49　網路硬碟相關操作示意圖（五）

📝 **Tips**

每位同仁有自己的網路硬碟，可以分享檔案、複製電腦中其他磁碟檔案到網路硬碟，也可以新增資料夾。請讀者練習安裝網路硬碟應用程式，並練習使用。

5　個人帳號空間有 15G，所以一般同仁的桌機硬碟大小是很足夠的。而 Google One 雖然有 2TB，但通常不會用滿，再加上幾代後的備份不會保留在網管同仁的桌機而是會複製到外接式硬碟，容量容間不致有問題。

2.1.10 使用 WordPress 架設對外網站

STEP 1 如圖 2-50 所示,打開瀏覽器,網址列輸入 https://wordpress.com/
zh-tw/(編號 1),然後在網頁內容區選右上角「跨出第一步」(編
號 2)。

圖 2-50 連接 Wordpress 網站

STEP 2 如圖 2-51 所示,依序輸入電子郵件地址(編號 1)、使用者名稱(編
號 2)、選擇密碼(編號 3),然後按「建立帳號」(編號 4),然後
登入。

圖 2-51 註冊 Wordpress 帳號

STEP 3 如圖 2-52 所示，按下畫面右上角「新增網站」（編號 1），然後按指
示操作，逐步建立起自己的網站。

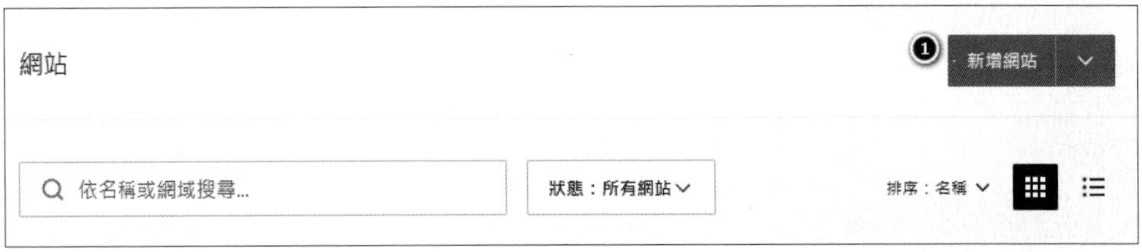

圖 2-52　新增網站操作示意圖

2.2　網路邊界安全管理（防火牆管理、存取控制）

硬體防火牆只會保護您在家中的活動，因此，如果您將電腦帶到咖啡館或
在外出時使用裝置，則需要軟體防火牆來幫助保護裝置。

從安全的角度來看，桌機或伺服器所使用的防火牆，主要是管控服務（應
用程式）執行時封包資料的輸入與輸出。原理就像打電話，輸入是人家打進
來、輸出是我們打出去。人家打進來會傳資料（聲音）進來，如果我們要回
話，輸出規則也要開放，以下我們來開啟 Windows 的防火牆程式。

防火牆有分輸入和輸出規則，多半是在安裝程式時，即可以設定
（Windows 會要求使用者允許或封鎖）。

STEP 1 如圖 2-53 所示，首先在左下角搜尋方塊區輸入「Windows Defender」
（編號 1），點選「開啟」（編號 2）。

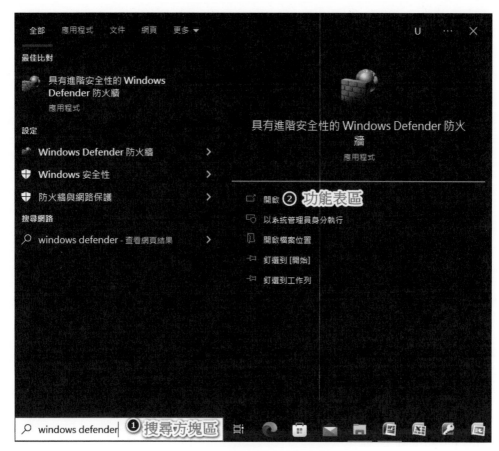

圖 2-53　Windows Defender

STEP 2 如圖 2-54 所示，檢視區我們會操作到的輸入規則、輸出規則和連線
安全性規則（編號 1、2），例如檢視區點輸入規則後，詳細資料區就
會列出程式的名稱（編號 3、4）、設定檔（編號 5、6）。

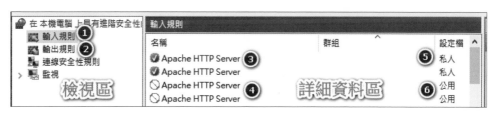

圖 2-54　輸入輸出規則及連線安全性規則

2.2.1　Windows 防火牆管理——輸入規則

輸入規則 [6]（Inbound connection）是指自己的桌機（筆電）開放通訊埠（Port）供遠端傳輸入資料。預設是封鎖的，但是輸入規則裡面可以設定特定的連線要開放還是封鎖。以下面這個 FirewallAPI.dll 為例，本機會開啟 554、8554,8555,8556, 8557,8558 等通訊埠供遠端連接到本機並輸入資料。

表格 10　輸入規則一覽表

名稱	本機位址	遠端位址	通訊協定	本機連接埠	遠端連接埠	授權的使用者	授權的電腦	已授權的本機主體	本機使用者擁有者	應用程式封裝
@FirewallAPI.dll,-80201	任一	本機子網路	TCP	554, 8554-8558	任一	任一	任一	任一	任一	任一

那麼要如何檢視本機現有的輸入規則呢？前面我們已經介紹如何開啟 Windows Defender 防火牆。請讀者參考 2.2 節開啟，接著操作如下：

STEP 1 　如圖 2-55 所示，點選輸入規則（編號 1），然後點選「動作」（編號 2）／「匯出清單」（編號 3）。

6　輸入規則。為必須能夠從網路上的另一個裝置接收未經要求的輸入網路封包的程式建立輸入規則。盡可能將規則設為特定，以降低惡意程式利用規則的風險。例如，同時指定程式和埠號碼。指定程式可確保規則只有在程式實際執行時才會作用中，而指定埠號碼可確保程式無法在不同的埠上接收未預期的流量。

輸入規則在伺服器上很常見，因為它們會裝載用戶端裝置所連線的服務。當您在伺服器上安裝程式和服務時，安裝程式通常會為您建立並啟用規則。檢查規則，以確保它們不會開啟超過所需的埠。

圖 2-55　匯出輸入規則清單（一）

STEP 2　如圖 2-56 所示，儲存位置區選「下載＼資安健診＼各章範例＼第二
章」（編號 1）；檔案名稱用 firewall_input_rule.txt（編號 2）注意存檔類
型要用「unicode 文字檔（以 tab 分隔）（因為這份清單中很多欄位會
用到逗號，所以不適合存成 csv 格式）（編號 3），然後按下「存檔」。

圖 2-56　匯出輸入規則清單（二）

STEP 3 如圖 2-57 所示，開啟 Excel，並開啟 firewall_input_rule.txt。Excel 會
自動開啟匯入字串精靈，選「分隔符號」（編號 1），按「下一步」
（編號 2）。

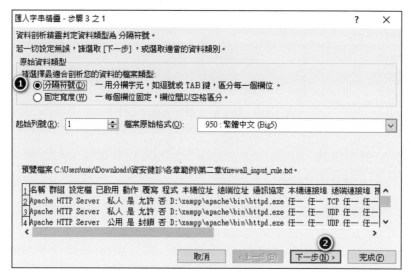

圖 2-57　匯出輸入規則清單（三）

STEP 4 如圖 2-58 所示，勾選 Tab 鍵（編號 1），按下一步（編號 2）。

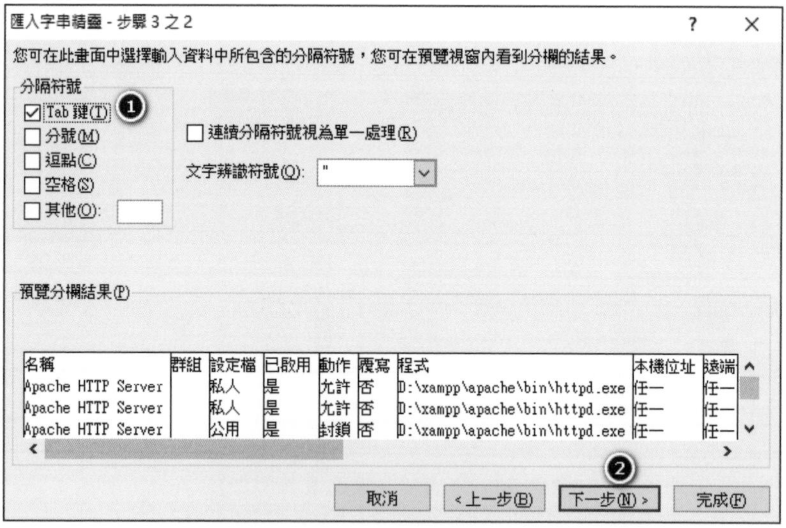

圖 2-58　匯出輸入規則清單（四）

STEP 5 如所圖 2-59 示，按下「完成」（編號 1）。

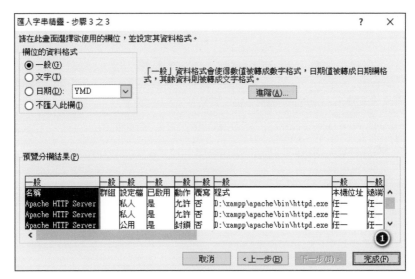

圖 2-59　匯出輸入規則清單（五）

STEP 6 txt 檔案匯入完成，緊接著按住 ctrl 再按 s（ctrl-s）另存 Excel 檔案，此時 Excel 會跳出視窗，讓我們選擇「否」以另存成 Excel 格式（編號 1）。

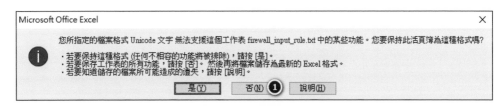

圖 2-60　另存成 Excel 格式

STEP 7 如圖 2-61 所示，首先在檢視區依序點選下載（編號 1）\資安健診（編號 2）\各章範例（編號 3）\第二章（編號 4），然後確認檔案路徑區是否正確（編號 5），再鍵入檔案名稱「firewall_input_rule.xlsx」

（編號 6），檔案格式用「Excel 活頁簿 *.xlsx」（編號 7），然後按下
「儲存」（編號 8）。

圖 2-61 另存新檔示意圖

STEP 8 完成匯入及另存為 Excel 格式的的「輸入清單（節錄）」如下所示。

表格 11 輸入清單（節錄）

名稱	群組	設定檔	已啟用	動作	覆寫	程式	本機位址	遠端位址	通訊協定	本機連接埠	遠端連接埠	授權的使用者	授權的電腦	已授權的本機主體	本機使用者擁有者	應用程式封裝
@FirewallAPI.dll,-80201	全部	是	允許	否	%SystemRoot%\system32\svchost.exe	任一	本機子網路	TCP	554, 8554-8558	TCP	任一	任一	任一	任一	任一

名稱	群組	設定檔	已啟用	動作	覆寫	程式	本機位址	遠端位址	通訊協定	本機連接埠	遠端連接埠	授權的使用者	授權的電腦	已授權的本機主體	本機使用者擁有者	應用程式封裝
Apache HTTP Server	私人	是	允許	否	D:\xampp\apache\bin\httpd.exe	任—	任—	TCP	任—	任—	任—	任—	任—	任—	任—
Apache HTTP Server	私人	是	允許	否	D:\xampp\apache\bin\httpd.exe	任—	任—	UDP	任—	任—	任—	任—	任—	任—	任—
Apache HTTP Server	公用	是	封鎖	否	D:\xampp\apache\bin\httpd.exe	任—	任—	UDP	任—	任—	任—	任—	任—	任—	任—
Apache HTTP Server	公用	是	封鎖	否	D:\xampp\apache\bin\httpd.exe	任—	任—	TCP	任—	任—	任—	任—	任—	任—	任—
Apowersoft Screen Recorder Pro 2	全部	是	允許	否	C:\Program Files（x86）\Apowersoft\Apowersoft Screen Recorder Pro 2\Apowersoft Screen Recorder Pro 2.exe	任—	任—	任—	任—	任—	任—	任—	任—	任—	任—
BOTADPT_Windows Firewall Rule	公用	是	允許	否	C:\Program Files（x86）\Bank_Of_Taiwan\BOTServiSign\BOTADPT_Windows.exe	任—	任—	任—	任—	任—	任—	任—	任—	任—	任—
Daum PotPlayer	全部	否	安全	否	C:\Program Files\DAUM\PotPlayer\PotPlayerMini64.exe	任—	任—	TCP	任—	任—	任—	任—	任—	任—	任—
dude.exe	公用	是	允許	否	C:\users\user\documents\【下載】自動搜尋網路拓撲軟體 網路管理工具 the dude 免安裝 portable\dude.exe	任—	任—	TCP	任—	任—	任—	任—	任—	任—	任—
dude.exe	公用	是	允許	否	C:\users\user\documents\【下載】自動搜尋網路拓撲軟體 網路管理工具 the dude 免安裝 portable\dude.exe	任—	任—	UDP	任—	任—	任—	任—	任—	任—	任—
dude.exe	公用	是	封鎖	否	C:\users\user\downloads\資安健診\the dude 免安裝 portable\dude.exe	任—	任—	TCP	任—	任—	任—	任—	任—	任—	任—

名稱	群組	設定檔	已啟用	動作	覆寫	程式	本機位址	遠端位址	通訊協定	本機連接埠	遠端連接埠	授權的使用者	授權的電腦	已授權的本機主體	本機使用者擁有者	應用程式封裝
dude.exe	公用	是	封鎖	否	C:\users\user\downloads\資安健診\the dude 免安裝 portable\dude.exe	任一	任一	UDP	任一	任一	任一	任一	任一	任一	任一
HPSAPS	公用	是	允許	否	C:\Users\user\AppData\Local\Temp\7zS365A\HPDiagnosticCoreUI.exe	任一	任一	UDP	任一	任一	任一	任一	任一	任一	任一
HPSAPS	公用	是	允許	否	C:\Users\user\AppData\Local\Temp\7zS365A\HPDiagnosticCoreUI.exe	任一	任一	TCP	任一	任一	任一	任一	任一	任一	任一

　　接著我們來練習整理到表格 12，這個表格應該要每季更新，並且可以協助同仁和資訊單位了解目前開放的輸入連線。那麼要如何判讀輸入規則中的內容呢？首先先看「動作」，有「允許」和「封鎖」二種，允許就是資料可以傳，封鎖就是資料不能傳。接著看設定檔，有「全部」、「公用」、「私人」、「網域」等選擇，全部就是其他三種都包含在內。「公用」是像機場或網咖等公共場所，私人是家用網路，網域是工作場所有網域伺服器在管理的網路。像是下面舉出的案例：

1. @FirewallAPI.dll,-80201，這個程式用的是 TCP Port，開在 554、8554-8558，目前的狀態是允許，但是目前尚未申請，這樣就違反了政策，必需要和使用者溝通，看是提出申請或是停用。

2. Apache HTTP Server，這個程式 TCP Port，開在任一，目前的狀態是允許。也尚未申請。這個程式是允許個人電腦也能提供網站伺服器功能。這時候就看公司的政策以及該人員電腦有無其他機敏性的資料，避免被入侵後提升權限導致機敏資料外洩。如果沒有疑慮則請使用者提出申請。

表格 12　本機開放輸入連線一覽表

程式名稱	程式位置	設定檔	TCP/UDP	通訊埠	允許（封鎖）	事先申請
@FirewallAPI. dll,-80201	%SystemRoot%\ system32\ svchost.exe	全部	TCP	554, 8554-8558	允許	☐
Apache HTTP Server	D:\xampp\ apache\bin\httpd. exe	私人	TCP	任一	允許	☐
						☐
						☐

填表人：　　　　　　審批：　　　　　　日期：

Tips

表格 11 的完整內容可於書附範例中取得，請配合網路搜尋，填寫完整的表格 12 本機開放輸入連線一覽表。

那麼設定檔是如何選擇的呢？

STEP 1　如圖 2-62 所示，桌面右下角有個向上的符號（編號 1），用滑鼠左鍵點選後，於「網路」圖示上按滑鼠左鍵二下執行（編號 2）。

圖 2-62　網路設定檔（一）

STEP 2〉 如圖 2-63 所示，開啟在【網路 - 已連線】上按滑鼠右鍵選【內容】
（編號 1）。

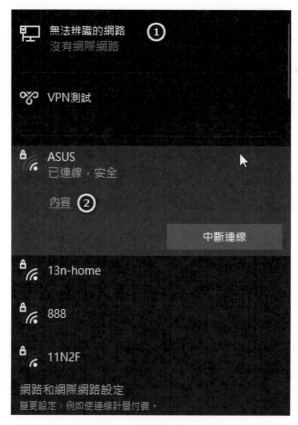

圖 2-63　網路設定檔（二）

STEP 3〉 如圖 2-64 所示，可以選私人或公用（編號 1、2 的位置），公用是指
電腦不顯示在網路的其他裝置中，因此無法用於印表機及檔案共用。
私人是適用您信任的網路，例如家用或公作場所，如果您已經進行設
定，您的電腦即可供探索，而且可以用於印表機和檔案共用。如果是
在辦公室，還可以選網域。通常辦公室的電腦建議選「公用」，以利
安全。

Tips

個人電腦的檔案共用不應使用 Windows 的私人設定檔來分享，因為有資安疑慮。印表機共用則另外選擇有網路功能（獨立 IP 位置）的印表機來分享。至於 Windows 2022 伺服器如果要在網頁伺服器開啟共用資料夾，則該伺服器網路設定檔應選「網域」。

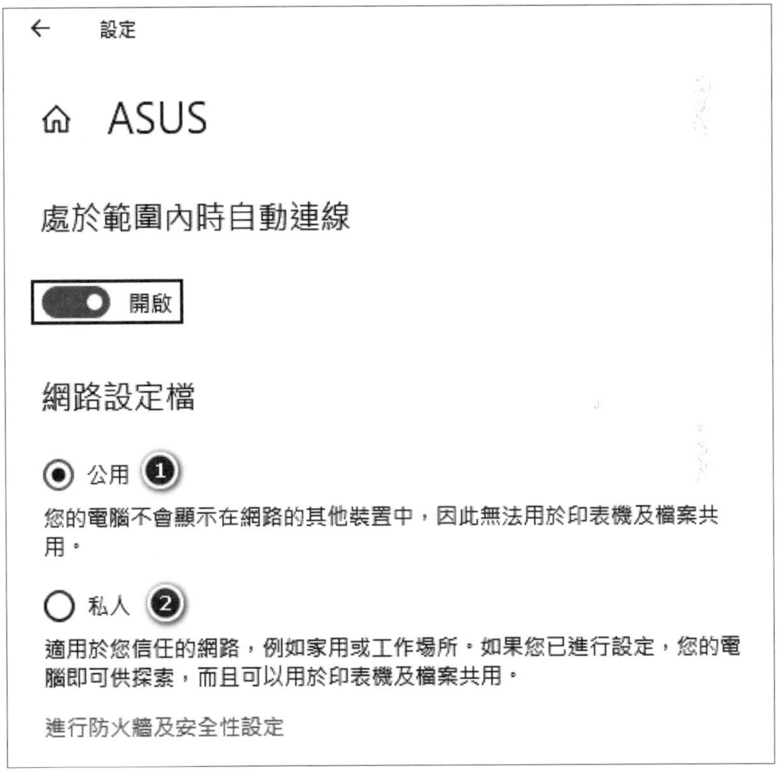

圖 2-64　網路設定檔──公用與私人

　　接著對於看不懂的名稱，逐一在網路上查詢，然後對照「程式」的名稱找相關資料，例如 httpd.exe 就是 Apache 的軟體，在私人設定檔可以使用，而在公用網路是被封鎖的。

2-65

表格 13　輸入規則（節錄部分欄位）（一）

名稱	群組	設定檔	已啟用	動作	覆寫	程式
@FirewallAPI. dll,-80201	@FirewallAPI. dll,-80200	全部	是	允許	否	%SystemRoot%\system32\ svchost.exe
Apache HTTP Server		公用	是	封鎖	否	D:\xampp\apache\bin\httpd. exe
Apache HTTP Server		私人	是	允許	否	D:\xampp\apache\bin\httpd. exe
Apowersoft Screen Recorder Pro 2		全部	是	允許	否	C:\Program Files（x86） \Apowersoft\Apowersoft Screen Recorder Pro 2\ Apowersoft Screen Recorder Pro 2.exe
BOTADPT_ Windows Firewall Rule		公用	是	允許	否	C:\Program Files（x86） \Bank_Of_Taiwan\ BOTServiSign\BOTADPT_ Windows.exe
BranchCache - 內容抓取 （HTTP-In）	BranchCache - 內容抓取（使 用 HTTP）	全部	否	允許	否	SYSTEM
BranchCache 同儕節點探索 （WSD-In）	BranchCache - 同儕節點探索 （使用 WSD）	全部	否	允許	否	%systemroot%\system32\ svchost.exe
BranchCache 託管快取伺服 器（HTTP-In）	BranchCache - 託管快取伺 服器（使用 HTTPS）	全部	否	允許	否	SYSTEM
Cortana	Cortana	全部	是	允許	否	任一
檔案及印表機 共用（多工緩 衝處理器服務 - RPC）	檔案及印表機 共用	網域	否	允許	否	%SystemRoot%\system32\ spoolsv.exe

名稱	群組	設定檔	已啟用	動作	覆寫	程式
檔案及印表機共用（多工緩衝處理器服務 - RPC）	檔案及印表機共用	私人 - 公用	否	允許	否	%SystemRoot%\system32\spoolsv.exe
檔案及印表機共用（多工緩衝處理器服務 - RPC-EPMAP）	檔案及印表機共用	私人 - 公用	否	允許	否	%SystemRoot%\system32\svchost.exe
檔案及印表機共用（多工緩衝處理器服務 - RPC-EPMAP）	檔案及印表機共用	網域	否	允許	否	%SystemRoot%\system32\svchost.exe

要注意如果有可疑的程式，如所示，首先我們點選「輸入規則」（編號 1），假設我們要封鎖 Apache HTTP Server 就在該程式上按右鍵（編號 2），確認設定檔正確（編號 3），然後選「停用規則」（編號 4）。

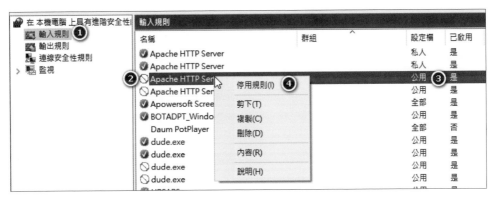

圖 2-65　停用規則

Tips

做完圖 2-65 所示的操作後，則原本封鎖的就不再封鎖；原本允許的就不再允許。

　　而由於這個清單的欄位較多，所以我們分成二個表格來呈現（表格 13、表格 14），剛剛表格 13 是找出允許（封鎖）程式的名稱和程式（與位置），接下來表格 14 則是通訊埠的設定：

　　例如 @FirewallAPI.dll,-80201 這個程式會開放本機的 554，8554 到 8558 連接埠供連端傳資料進來。例如 AllJoyn 路由器（TCP-In）則會開啟本機的 9955 通訊埠。

表格 14　輸入規則（節錄部分欄位）（二）

名稱	本機位址	遠端位址	通訊協定	本機連接埠	遠端連接埠	授權的使用者	授權的電腦	已授權的本機主體	本機使用者擁有者	應用程式封裝
@FirewallAPI.dll,-80201	任一	本機子網路	TCP	554, 8554-8558	任一	任一	任一	任一	任一	任一
@FirewallAPI.dll,-80206	任一	本機子網路	UDP	5000-5020	任一	任一	任一	任一	任一	任一
Apache HTTP Server	任一	任一	TCP	任一	任一	任一	任一	任一	任一	任一
Apache HTTP Server	任一	任一	UDP	任一	任一	任一	任一	任一	任一	任一
AllJoyn 路由器（TCP-In）	任一	任一	TCP	9955	任一	任一	任一	任一	任一	任一
AllJoyn 路由器（UDP-In）	任一	任一	UDP	任一	任一	任一	任一	任一	任一	任一
檔案及印表機共用（SMB-In）	任一	本機子網路	TCP	445	任一	任一	任一	任一	任一	任一
檔案及印表機共用（SMB-In）	任一	任一	TCP	445	任一	任一	任一	任一	任一	任一

名稱	本機位址	遠端位址	通訊協定	本機連接埠	遠端連接埠	授權的使用者	授權的電腦	已授權的本機主體	本機使用者擁有者	應用程式封裝
檔案及印表機共用（回應要求 - ICMPv4-In）	任一	本機子網路	ICMPv4	任一	任一	任一	任一	任一	任一	任一
檔案及印表機共用（回應要求 - ICMPv4-In）	任一	任一	ICMPv4	任一	任一	任一	任一	任一	任一	任一

2.2.2 Windows 防火牆管理──輸出規則

輸出規則 [7]（Outbound connection）是指遠端主機開啟連接埠供桌機（本機）連線，傳輸本機的資料給遠端主機。例如我們開啟 BranchCache 託管快取用戶端 [8]，然後來檢視裡面的設定。操作步驟如下：

STEP 1 如所示，左邊點選輸出規則（編號 1），用滑鼠左鍵快點二下 BranchCache 託管快取用戶端（編號 2）。

---

7 輸出規則。 只建立輸出規則來封鎖在所有情況下都必須避免的網路流量。 如果您的組織禁止使用特定網路程式，您可以封鎖程式所使用的已知網路流量來支援該原則。 在部署限制之前，請務必先測試這些限制，以避免干擾所需和授權程式的流量。

8 BranchCache 是廣域網路（WAN）頻寬優化技術，包含在某些版本的 Windows Server 2016 和 Windows 10 作業系統中，以及某些版本的 Windows Server 2012 R2、Windows 8.1、Windows Server 2012、Windows 8、Windows Server 2008 R2 和 Windows 7。 為了在使用者存取遠端伺服器的內容時將 WAN 頻寬最佳化，BranchCache 會從主機或託管的雲端內容伺服器擷取內容，並在本地端顯示快取內容，讓用戶端電腦可從本機存取內容而非透過 WAN。https://learn.microsoft.com/zh-tw/windows-server/networking/branchcache/branchcache。

圖 2-66　輸出規則內容檢視

STEP 2 〉 如圖 2-67 所示，點選通訊協定及連接埠頁籤（編號 1），我們可以看

到是使用 TCP 協定，連接到遠端主機的 80 和 443（網頁資料內容）

（編號 2、3、4），檢視無誤後按下「確定」。

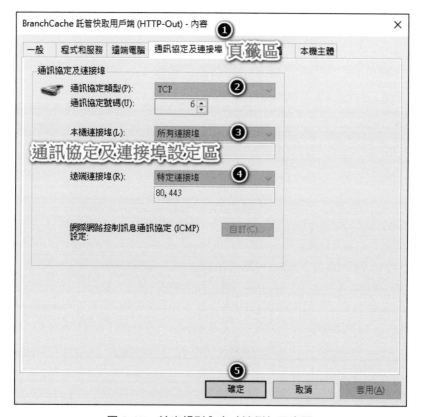

圖 2-67　輸出規則內容（範例）示意圖

如圖 2-68 所示，左方點選「在本機電腦上具有進階安全性的 Windows Defender 防火牆」（編號 1）原則上，不管是在網域、公用、私人環境，輸入連線（別人連我們）預設是禁止的，輸出連線（我們連別人）預設是允許的（編號 2、3、4）。

圖 2-68　本機電腦進階安全性規則示意圖

接著我們來把輸出連線也整理成 Excel 檔案，步驟如下：

STEP 1 〉 如圖 2-69 所示，視窗左邊用滑鼠左鍵點選輸出規則（編號 1），然後按「動作」（編號 2）／「匯出清單」（編號 3）。

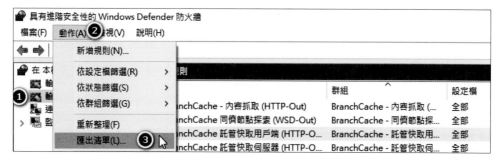

圖 2-69　匯出輸出連線清單（一）

STEP 3 　如所示，儲存位置區選「下載＼資安健診＼各章範例＼第二章」（編號 1）；檔案名稱用 firewall_input_rule.txt（編號 2）注意存檔類型要用「unicode 文字檔（以 tab 分隔）（因為這份清單中很多欄位會用到逗號，所以不適合存成 csv 格式）（編號 3），然後按下「存檔」。

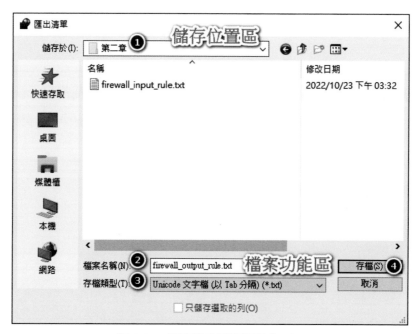

圖 2-70　匯出輸出連線清單（二）

STEP 4 使用 Excel 開啟剛才儲存的文字檔並進行匯入（匯入操作參見 2.2.1 小節，tab 符號分隔）。

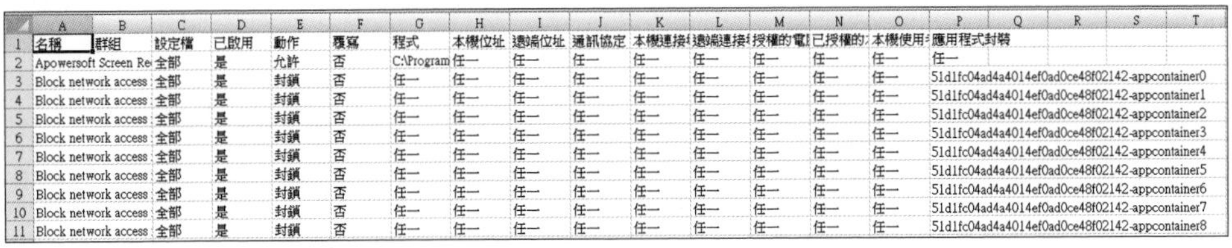

圖 2-71　使用 Excel 匯入輸出連線清單文字檔

STEP 6 按下「儲存檔案（按住 ctrl 再按 s）」，然後選「否」（編號 1）。

圖 2-72　另存成 Excel 格式

STEP 10 如所示，首先在檢視區依序點選下載（編號 1）\ 資安健診 \ 各章範例 \ 第二章，然後確認檔案路徑區是否正確（編號 2），再鍵入檔案名稱「firewall_input_rule.xlsx」（編號 3），檔案格式用「Excel 活頁簿 *.xlsx」（編號 4），然後按下「儲存」（編號 5）。

圖 2-73　另存新檔示意圖

接著我們來檢視幾個輸出規則（原表格欄位過多，分成表格 15、表格 16 表示），像是 Apowersoft Screen Recorder Pro 2 這個程式。預設動作是允許，而且執行的是 Apowersoft Screen Recorder Pro 2.exe。如此我們就可以去 Google 搜尋（配合使用者回憶何時安裝過這個程式）。

而像是 Block network access for AppContainer-00 in SQL Server instance MSSQLSERVER 這個程式，動作則是封鎖的，也就是不允許 SQLServer 連外傳輸資料，這很有可能是安裝時設定的。

表格 15 輸出連線清單節錄部分欄位（一）

名稱	群組	設定檔	已啟用	動作	覆寫	程式
Apowersoft Screen Recorder Pro 2	無	全部	是	允許	否	C:\Program Files（x86）\Apowersoft\Apowersoft Screen Recorder Pro 2\Apowersoft Screen Recorder Pro 2.exe
Block network access for AppContainer-00 in SQL Server instance MSSQLSERVER	無	全部	是	封鎖	否	任一
Block network access for AppContainer-01 in SQL Server instance MSSQLSERVER	無	全部	是	封鎖	否	任一
MSMPI-LaunchSvc	無	全部	是	允許	否	C:\Program Files\Microsoft MPI\Bin\msmpilaunchsvc.exe
MSMPI-MPIEXEC	無	全部	是	允許	否	C:\Program Files\Microsoft MPI\Bin\mpiexec.exe
Skype	{78E1CD88-49E3-476E-B926-580E596AD309}	全部	是	允許	否	C:\Program Files\WindowsApps\Microsoft.SkypeApp_15.89.3403.0_x86__kzf8qxf38zg5c\Skype\Skype.exe
Skype	{78E1CD88-49E3-476E-B926-580E596AD309}	全部	是	允許	否	C:\Program Files\WindowsApps\Microsoft.SkypeApp_15.89.3403.0_x86__kzf8qxf38zg5c\Skype\Skype.exe

　　至於連接埠，在範例裡是本機的任何一個通訊埠和遠端任何一個通訊埠的允許或拒絕連線。

表格 16　輸出連線清單節錄部分欄位（二）

名稱	本機位址	遠端位址	通訊協定	本機連接埠	遠端連接埠	授權的電腦	已授權的本機主體	本機使用者擁有者	應用程式封裝
Apowersoft Screen Recorder Pro 2	任一	任一	任一	任一	任一	任一	任一	任一	任一
Block network access for AppContainer-00 in SQL Server instance MSSQLSERVER	任一	任一	任一	任一	任一	任一	任一	任一	51d1fc04ad4a4014 ef0ad0ce48f02142- appcontainer0
Block network access for AppContainer-01 in SQL Server instance MSSQLSERVER	任一	任一	任一	任一	任一	任一	任一	任一	51d1fc04ad4a4014 ef0ad0ce48f02142- appcontainer1
MSMPI-LaunchSvc	任一	任一	任一	任一	任一	任一	任一	任一	任一
MSMPI-MPIEXEC	任一	任一	任一	任一	任一	任一	任一	任一	任一
Skype	任一	任一	UDP	任一	任一	任一	任一	任一	任一
Skype	任一	任一	TCP	任一	任一	任一	任一	任一	任一

接著對於看不懂的名稱，逐一在網路上查詢，然後對照「程式」的名稱找相關資料，例如 Apowersoft Screen Recorder Pro 2 就是螢幕錄影軟體，全部設定檔可以使用。Block network access for AppContainer-00 in SQL Server instance MSSQLSERVER 則是 SQL Server（微軟的資料庫軟體），接著將表格15、表格 16 的資料謄到表格 17。

謄好後同仁或網管人員就可以發現，輸出連線確實是比較寬鬆的，通訊埠任一代表連外到其他電腦（因為不知道對方電腦開那一個通訊埠）。

表格 17　本機開放輸出連線一覽表

程式名稱	程式位置	設定檔	通訊埠	允許 （封鎖）	事先 申請
Apowersoft Screen Recorder Pro 2	C:\Program Files（x86）\Apowersoft\Apowersoft Screen Recorder Pro 2\Apowersoft Screen Recorder Pro 2.exe	全部	任一	允許	☐
Block network access for AppContainer-00 in SQL Server instance MSSQLSERVER	任一	全部	任一	允許	☐
Skype	C:\Program Files\WindowsApps\Microsoft.SkypeApp_15.89.3403.0_x86__kzf8qxf38zg5c\Skype\Skype.exe	全部	任一	允許	☐
					☐

填表人：　　　　　　　　審批：　　　　　　　　日期：

如圖 2-74 所示，新心資安科技提供「Windows 防火牆輸出或輸入規則市集」的 Google 表單，網址為：https://newmindsec.blogspot.com/p/windows_22.html。

企業的網路管理者或個人可以將前述步驟所得到，感覺有異狀的防火牆輸出入規則，透過提交表單的方式提供給本公司，本公司收到後將會進行研判。

研判結果會寫在下面這個 Google 試算表：

https://docs.google.com/spreadsheets/d/1tS1_Q1cF0dGN4ChPoDNSougpk53uNgcg5zzWeoo47zc/edit#gid=156497831

Windows防火牆輸出或輸入規則市集

新心資安科技提供企業（含NGO）在做資安健診時，針對電腦現行的防火牆安全與否，提供查詢與建議

eapdb20211116@gmail.com 切換帳戶

*必填

電子郵件 *

你的電子郵件

輸入或輸出連線 *

○ 輸入連線

○ 輸出連線

名稱 *

您的回答

圖 2-74　Windows 防火牆輸出或輸入規則市集

2.2.3　所有網路連接埠檢視

看到這裡，反應比較快的讀者，就會想到防火牆沒封鎖的連線，是不是就沒有列在這個清單裡面，答案是的。那麼如果我們要把所有的連線一一的找出來，就要利用 netstat 這個指令。

STEP 1　如所示，在左下角方塊處輸入 cmd（編號 1），然後選「以系統管理員身份執行」（編號 2）。

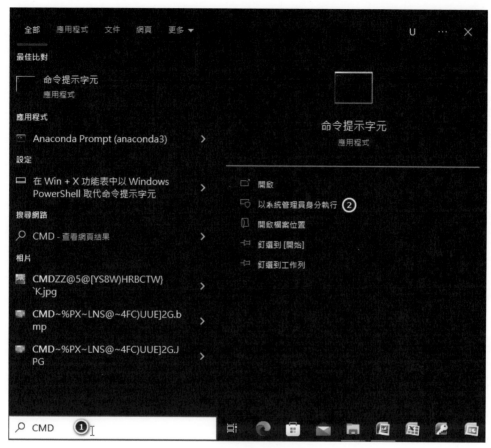

圖 2-75　命令提示字元

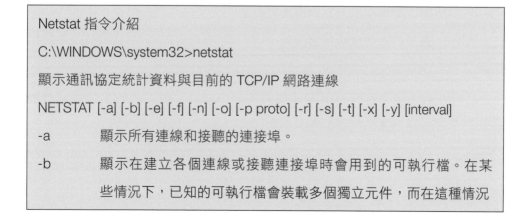

Netstat 指令介紹

C:\WINDOWS\system32>netstat

顯示通訊協定統計資料與目前的 TCP/IP 網路連線

NETSTAT [-a] [-b] [-e] [-f] [-n] [-o] [-p proto] [-r] [-s] [-t] [-x] [-y] [interval]

-a　　　顯示所有連線和接聽的連接埠。

-b　　　顯示在建立各個連線或接聽連接埠時會用到的可執行檔。在某
　　　　些情況下，已知的可執行檔會裝載多個獨立元件，而在這種情況

下，會顯示在建立連線或接聽連接埠時用到的元件順序。若是這種情況，可執行檔名稱會在底部的 [] 中，頂端則為其呼叫的元件，以此類推，直到連線到 TCP/IP 為止。請注意，這個選項可能很耗時，而且若您權限不足，將會失敗。

-e   顯示乙太網路統計資料。這可結合 -s 選項。

-f   顯示外部位址的完整網域名稱（FQDN）。

-n   以數字格式顯示位址和連接埠號碼。

-o   顯示與各連線相關的擁有流程識別碼。

-p proto   顯示由 proto 指定之通訊協定的連線；proto 可以是以下任一項：TCP、UDP、TCPv6 或 UDPv6。若搭配 -s 選項使用來顯示各通訊協定的統計資料，proto 可以是以下任一項：IP、IPv6、ICMP、ICMPv6、TCP、TCPv6、UDP 或 UDPv6。

-q   顯示所有連線、接聽的連接埠以及繫結未接聽的 TCP 連接埠。繫結未接聽的連接埠不一定會與使用中的連線建立關聯。

-r   顯示路由表。

-s   顯示各通訊協定的統計資料。根據預設，會顯示 IP、IPv6、ICMP、ICMPv6、TCP、TCPv6、UDP 和 UDPv6 的統計資料。

-p   選項可用來指定一部份的預設。

-t   顯示目前連線的卸載狀態。

-x   顯示 NetworkDirect 連線、接聽程式及共用端點。

-y   顯示所有連線的 TCP 連線範本。
           無法與其他選項併用。

interval   再次顯示選取的統計資料，每次顯示之間的暫停間隔秒數。按 CTRL+C 可以停止再次顯示統計資料。若發出此命令，netstat 會列印一次目前的組態資訊。

STEP 2 輸入指令：netstat -b > d:\netstat_data20220921-3.txt。

Microsoft Windows [版本 10.0.19044.2130]

(c)Microsoft Corporation. 著作權所有，並保留一切權利。

C:\WINDOWS\system32>netstat -b > d:\netstat_data.txt

將網路連線資料輸出到 d:\netstat_data.txt

#-b 選項是顯示在建立各個連線或接聽連接埠時會用到的可執行檔。

STEP 3 將 d:\netstat_data.txt 移到下載 \ 資安健診 \ 各章範例 \ 第二章。

STEP 4 用 Excel 開啟 D 磁碟機的 netstat_data.txt。

STEP 5 如圖 2-76 操作步驟節錄──匯入步驟 3 不匯入第一欄所示，選擇
「分隔符號」分隔符號用空格（第一欄不匯入）。

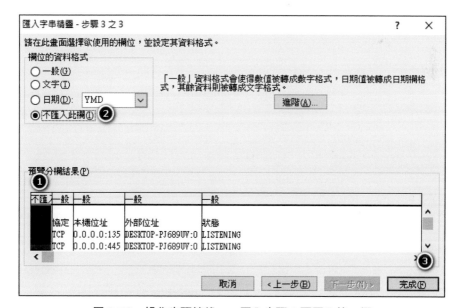

圖 2-76　操作步驟節錄──匯入步驟 3 不匯入第一欄

結果如下：可以看到 TCP 通訊協定，本機的 3000 通訊埠和晶片憑證中心的 3000 通訊埠是等待連線（Time wait）的狀態。[BOTADPT_Windows.exe]（台銀的網路銀行 ATM 元件）12844-12859 是建立連線（establish）的狀態。

協定	本機位址	外部位址	狀態
TCP	127.0.0.1:3000	iccert:6861	TIME_WAIT
TCP	127.0.0.1:3000	iccert:6862	TIME_WAIT
TCP	127.0.0.1:3000	iccert:6863	TIME_WAIT
TCP	127.0.0.1:6892	iccert:3000	TIME_WAIT
TCP	127.0.0.1:14378	iccert:14379	ESTABLISHED
[BOTADPT_Windows.exe]			
TCP	127.0.0.1:14379	iccert:14378	ESTABLISHED
[BOTADPT_Windows.exe]			
TCP	127.0.0.1:14380	iccert:14381	ESTABLISHED
[BOTADPT_Windows.exe]			
TCP	127.0.0.1:14381	iccert:14380	ESTABLISHED
[BOTADPT_Windows.exe]			
TCP	127.0.0.1:14382	iccert:14383	ESTABLISHED
[BOTADPT_Windows.exe]			
TCP	127.0.0.1:14383	iccert:14382	ESTABLISHED
[BOTADPT_Windows.exe]			
TCP	127.0.0.1:14384	iccert:14385	ESTABLISHED
[BOTADPT_Windows.exe]			
TCP	127.0.0.1:14385	iccert:14384	ESTABLISHED
[BOTADPT_Windows.exe]			
TCP	127.0.0.1:14386	iccert:14387	ESTABLISHED
[BOTADPT_Windows.exe]			
TCP	127.0.0.1:14387	iccert:14386	ESTABLISHED
[BOTADPT_Windows.exe]			
TCP	127.0.0.1:14388	iccert:14389	ESTABLISHED

協定	本機位址	外部位址	狀態
[BOTADPT_Windows.exe]			
TCP	127.0.0.1:14389	iccert:14388	ESTABLISHED
[BOTADPT_Windows.exe]			
TCP	192.168.1.68:2099	192.169.120.7:https	CLOSE_WAIT
[SearchApp.exe]			
TCP	192.168.1.68:2100	192.169.120.7:https	CLOSE_WAIT
[SearchApp.exe]			
TCP	192.168.1.68:2101	192.169.120.7:https	CLOSE_WAIT
[SearchApp.exe]			
TCP	192.168.1.68:2102	192.169.120.7:https	CLOSE_WAIT
[SearchApp.exe]			
TCP	192.168.1.68:2103	192.169.120.7:https	CLOSE_WAIT
[SearchApp.exe]			
TCP	192.168.1.68:2104	192.169.120.7:https	CLOSE_WAIT
[SearchApp.exe]			
TCP	192.168.1.68:3080	40.101.147.114:https	ESTABLISHED
[HxTsr.exe]			
TCP	192.168.1.68:4297	a23-210-236-71:https	CLOSE_WAIT
[Video.UI.exe]			
TCP	192.168.1.68:5872	a23-210-237-133:https	CLOSE_WAIT
[SearchApp.exe]			
TCP	192.168.1.68:5873	192.169.120.7:https	CLOSE_WAIT
[SearchApp.exe]			
TCP	192.168.1.68:5874	192.169.120.7:https	CLOSE_WAIT
[SearchApp.exe]			
TCP	192.168.1.68:5875	192.169.120.7:https	CLOSE_WAIT
[SearchApp.exe]			
TCP	192.168.1.68:5974	117.18.232.200:https	CLOSE_WAIT
[SearchApp.exe]			
TCP	192.168.1.68:5976	144.2.15.25:https	CLOSE_WAIT

協定	本機位址	外部位址	狀態
[SearchApp.exe]			
TCP	192.168.1.68:6652	203.205.254.103:https	CLOSE_WAIT
[QQ.exe]			
TCP	192.168.1.68:6721	tsa03s08-in-f10:https	CLOSE_WAIT
[GoogleDriveFS.exe]			
TCP	192.168.1.68:6797	43.154.254.63:http	CLOSE_WAIT
[QQ.exe]			
TCP	192.168.1.68:6893	20.44.229.112:https	ESTABLISHED
CDPUserSvc_e82c072			
[svchost.exe]			
TCP	192.168.1.68:6898	20.42.65.85:https	TIME_WAIT
TCP	192.168.1.68:6900	20.42.65.85:https	TIME_WAIT
TCP	192.168.1.68:6904	tsa01s11-in-f5:https	ESTABLISHED
[chrome.exe]			
TCP	192.168.1.68:7013	20.205.248.27:https	ESTABLISHED
無法取得擁有權資訊			
TCP	192.168.1.68:7035	DESKTOP-PJ689UV:10051	SYN_SENT
[zabbix_agentd.exe]			
TCP	192.168.1.68:9294	tj-in-f188:5228	ESTABLISHED
[chrome.exe]			
TCP	192.168.1.68:11228	192.169.120.5:https	CLOSE_WAIT
[SearchApp.exe]			
TCP	192.168.1.68:14316	20.197.71.89:https	ESTABLISHED
WpnService			
[svchost.exe]			
TCP	192.168.1.68:14377	tm-in-f188:https	ESTABLISHED
[ensserver.exe]			
TCP	192.168.1.68:14400	43.154.240.7:8080	ESTABLISHED
[QQ.exe]			
TCP	192.168.1.68:14424	203.205.254.103:https	CLOSE_WAIT

協定	本機位址	外部位址	狀態
[QQ.exe]			
TCP	192.168.1.68:14447	203.205.254.103:https	CLOSE_WAIT
[QQ.exe]			
TCP	192.168.1.68:14448	203.205.254.103:https	CLOSE_WAIT
[QQ.exe]			
TCP	192.168.1.68:14449	203.205.254.103:https	CLOSE_WAIT
[QQ.exe]			
TCP	192.168.1.68:14457	58.250.137.49:https	CLOSE_WAIT
[QQ.exe]			
TCP	192.168.1.68:14596	105:https	CLOSE_WAIT
[SearchApp.exe]			
TCP	192.168.1.68:14597	tsa01s11-in-f10:https	ESTABLISHED
[GoogleDriveFS.exe]			
TCP	192.168.1.68:14598	107.155.25.117:https	CLOSE_WAIT
[SearchApp.exe]			
TCP	192.168.1.68:14599	107.155.25.117:https	CLOSE_WAIT
[SearchApp.exe]			
TCP	192.168.1.68:14600	107.155.25.117:https	CLOSE_WAIT
[SearchApp.exe]			
TCP	192.168.1.68:14601	107.155.25.117:https	CLOSE_WAIT
[SearchApp.exe]			
TCP	192.168.1.68:14602	107.155.25.117:https	CLOSE_WAIT
[SearchApp.exe]			
TCP	192.168.1.68:14603	107.155.25.117:https	CLOSE_WAIT
[SearchApp.exe]			
TCP	192.168.1.68:14605	105:https	CLOSE_WAIT
[SearchApp.exe]			
TCP	192.168.1.68:14606	105:https	CLOSE_WAIT
[SearchApp.exe]			

接著我們要開始針對此桌機（伺服器）填寫表格 18「桌機（伺服器）開放通訊埠檢核表」，做為資安的基礎資料 [9]，完成檢核的就打勾。

1. SearchApp.exe：SearchApp .exe 是一個可執行的檔，與 Windows 搜索功能相關。為了搜尋應用程式要連外（如 1.3.1 小節）。

2. GoogleDriveFS.exe：Google 雲端硬碟同步程式（見 2.1.9 小節）。

3. QQ.exe：騰訊公司的即時通訊軟體。

4. ----：系統開了 3000 通訊埠供連入。這個就要比較注意了。

表格 18　桌機（伺服器）開放通訊埠檢核表

程式（服務）名稱	輸出（輸入）	本機通訊埠	遠端通訊埠	檢核
SearchApp.exe	■輸出□輸入	14605	105	□
GoogleDriveFS.exe	■輸出□輸入	14597	4436	□
QQ.exe	■輸出□輸入	14457	443	□
----	□輸出■輸入	3000	6861	□
	□輸出□輸入			□
	□輸出□輸入			□
	□輸出□輸入			□
備註：				

填表人：　　　　　　　審批：　　　　　　　日期：

9　現在網管工具越來越講求智能化，讓工具做人工智慧學習，用來阻斷攻擊。但是如果企業的一般使用者沒有網路資安的意識和定期的檢核，很容易造成桌機出現漏洞而成為短板。因此，資安人員還是要花時間和使用者溝通，做到通訊埠的檢核與管理。

另外就是針對資料庫主機（或有敏感資料的網域），其管理者除了要填下面的申請表之外，也建議在連線時使用 VPN 連線 [10]，請參見下面網址：

https://iqmore.tw/windows-10-connect-to-vpn-pptp-l2tp-ipsec

表格 19 網路安全設備進出規則申請表

申請單位	研發部	申請人	Bob
連絡電話	02-2217-XXXX	連絡 Email	Eapdb20211116@gmail.com
主機 IP	192.168.1.1		
申請服務	擬申請開放之服務為（可複選）： ■ http ■ https □ ftp □ telnet ■ ssh □其他（請詳填 port 號）		
有效日期	民國 115 年 12 月 31 日 （未填寫日期者，將每年定期覆核）		
來源 IP	（未填寫者，將對外開放所有 IP 連線）		
申請人簽章		申請單位主管簽章	
以下由資安人員填寫			
規則編號 # 20221023-RD-0001			
設定檔備份 □是		Firewall Check □是	
填表人：	審批：		日期：

10　在敏感網域需先建設一台 VPN 伺服器，從外網或家中連出至敏感網域（Outband──輸出規則，預設為允許不符合規則的連線）時，透過金鑰或密碼來保障資料通信的安全性。

2.2.4　資料夾存取控制權限檢視

在一些以 IT 環境為主的辦公室中（例如會計師事務所、辦公大樓），使用
者或資訊人員可能會架設一些網站或分享資料夾供同仁存取。對於資訊人員來
說，則是要請每位同仁填列存取控制檢查表，確保沒有開啟共用，以及網域的
設定為公用。要檢查網域設定是否為公用，操作步驟如下：

STEP 1 　如圖 2-77 所示，桌面右下角有個向上的符號（編號 1），用滑鼠左鍵
　　　　點選後，於「網路」圖示上按滑鼠左鍵二下執行（編號 2）。

圖 2-77　網路設定檔（一）

STEP 2 如圖 2-78 所示，開啟在【網路 - 已連線】上按滑鼠右鍵選【內容】
（編號 2）。（註：如果是有線網路則從編號 1 位置點內容）

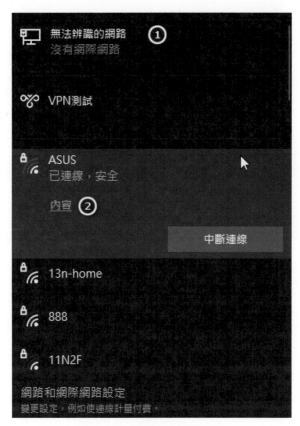

圖 2-78　網路設定檔（二）

STEP 3 如圖 2-64 所示，可以選私人或公用（編號 1、2 的位置），此處請截圖貼到表格 20 網路設定那一列的「截圖與文檔」。

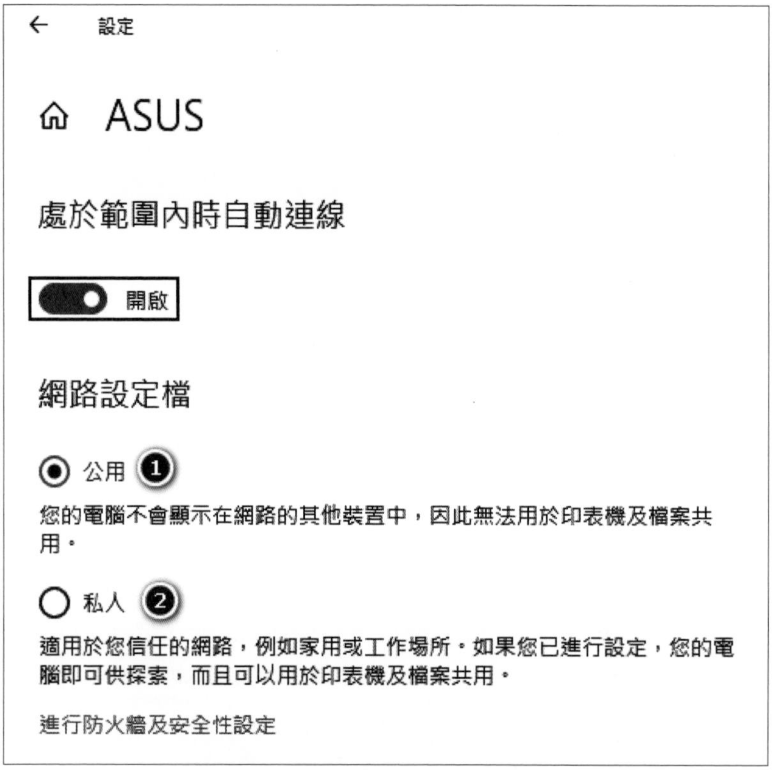

← 設定

 ASUS

處於範圍內時自動連線

開啟

網路設定檔

● 公用 ①
您的電腦不會顯示在網路的其他裝置中，因此無法用於印表機及檔案共用。

○ 私人 ②
適用於您信任的網路，例如家用或工作場所。如果您已進行設定，您的電腦即可供探索，而且可以用於印表機及檔案共用。

進行防火牆及安全性設定

圖 2-79 網路設定檔——公用與私人

STEP 4 在左下角搜尋方塊輸入 cmd（命令提示字元）以系統管理員管理員身份執行，然後執行 net share > D:\netshare.txt。

Microsoft Windows [版本 10.0.19044.2130]

(c)Microsoft Corporation. 著作權所有，並保留一切權利。

C:\WINDOWS\system32>net share > D:\netshare.txt

STEP 5 〉 將 netshare.txt 用 檔 案 總 管 從 D 磁 碟 機 剪 下 貼 上 到 C:\Users\user\
Downloads\ 資安健診 \ 各章範例 \ 第二章；再開啟此文字檔，貼到表
格 20 網路共用那一列的截圖與文檔。

```
共用名稱            資源                  說明
----------------------------------------------------------------
C$                 C:\                   預設共用

D$                 D:\                   預設共用

E$                 E:\                   預設共用

IPC$                                     遠端 IPC

ADMIN$             C:\WINDOWS            遠端管理

保經考古題          E:\ 保經考古題

命令已經成功完成。
```

下方表格 20 的判讀方法為網路設定須為公用（權限較低，較為安全且無
法分享印表機與檔案），而且網路共用除（1）預設共用（2）遠端 IPC（3）
Windows 遠端管理外沒有分享其他資料夾。範例中我們可以發現保經考古題被
分享出來，這時即應通知該同仁依 2.2.5 小節所示移除分享。

表格 20　OO處 OO 同仁存取控制一覽表

	是否開啟	截圖與文檔
網路設定	□公用 □私人	← 設定 ⌂ ASUS 處於範圍內時自動連線 ■ 開啟 網路設定檔 ◉ 公用 您的電腦不會顯示在網路的其他裝置中，因此無法用於表機及檔案共用 ○ 私人 適用於您信任的網路，例如家用或工作場所。如果您已進行設定，您的電腦即可供探索，而且可以用於表機及檔案共用。 進行防火牆及安全性設定
網路共用	□開啟 □關閉	共用名稱　　　資源　　　　說明 --- C$　　　　　　C:\　　　　預設共用 D$　　　　　　D:\　　　　預設共用 E$　　　　　　E:\　　　　預設共用 IPC$　　　　　　　　　　遠端 IPC ADMIN$　　　C:\WINDOWS　遠端管理 保經考古題　　E:\ 保經考古題
網路探索與 網路共用 [11]	□開啟 □關閉	網路 檔案　網路　檢視 內容　開紋　連線至遠端桌面連線　新增裝置和印表機　檢視印表機　檢視裝置網頁　網路和共用中心 位置　　　　　　　　　　網路 ← → ✓ ↑ 網路 網路探索與檔案共用已關閉，看不見網路電腦及裝置，按一下以變更... > ★ 快速存取 > ☁ OneDrive - Personal ∨ 💻 本機 　> 🗃 3D 物件 　∨ ⬇ 下載 　　> FSCapture97 　　> graylog學習筆記 　　> olddata 　　> zip 　　> 資安健診 　　📦 Application Documents.zip

填表人：　　　　　　　審批：　　　　　　　日期：

---

11 在檔案總管左方檢視區點選網路（本機的下方），即會出現「網路探索與檔案共用已關閉，看不見網路電腦及裝置，按一下變更」，如果出現的是其他結果，則一樣截圖，但資訊人員應妥為檢查。（可參考圖 2-80 左方最下面的「網路」）

2.2.5 移除資料夾共享

STEP 1 如圖 2-80 所示，開啟檔案總管，檢視區選 E 磁碟機（編號 1），然後詳細資料區在「保經考古題」資料夾上按滑鼠右鍵（編號 2），選「內容」（編號 3）。

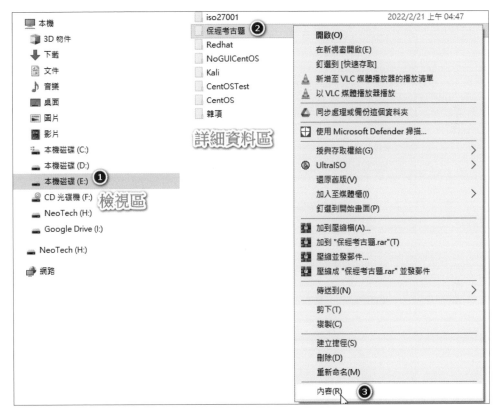

圖 2-80　取消資料夾共用（一）

STEP 2 如圖 2-81 所示，首先在頁籤區選「共用」（編號 1），然後進階共用
區點選「進階共用」（編號 2）。

圖 2-81　取消資料夾共用（二）

STEP 3 如圖 2-82 所示,將「共用此資料夾」的勾勾去掉,用滑鼠左鍵點選即可去除(編號 1),然後按「確定」(編號 2)。

圖 2-82　取消資料夾共用(三)

STEP 4 如圖 2-83 所示，資料夾「保經考古題」已顯示為不共用（編號 1），
接著按下「關閉」（編號 2）。

圖 2-83　取消資料夾共用（四）

 Tips

各位讀者在操作上一小節的內容時，網路共用的資料夾和本小節的位置會有
不同，是正常的現象。請依照上一小節系統整理出來網路共用資料夾，一一
移除共享。然後再將取消共用後的結果貼到表格 20，交由資訊人員彙總。

● **2.3 網路設備安全表現（登入認證機制、安全性更新）**

　　一般網路設備使用者用的較多的是路由器，其密碼的設定在家用電腦大多會延用預設帳號密碼，而辦公室因為同仁共用的關係，會設定新的密碼，登入認證多為密碼認證。

STEP 1 〉如圖 2-84 所示，從本機連線到路由器（假設為 192.168.1.1）並輸入密碼。

登入

http://192.168.1.1
你與這個網站之間的連線不是私人連線

使用者名稱　admin

密碼　•••••

登入　取消

圖 2-84　路由器安全操作畫面（一）

STEP 2 如圖 2-85 所示，無線網路名稱就是 WiFi 連網時用以區別的名稱（編號 1），授權方式則通常會選「WPA2」（編號 2），WPA-PSK 金鑰的地方就是密碼（編號 3）。

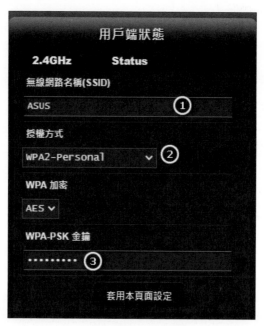

圖 2-85　路由器安全操作畫面（二）

STEP 3 如圖 2-86 所示，路由器安全設定畫面左上角會有寫路由器的廠商和型號，寫下備用。

圖 2-86　路由器安全操作畫面（三）

STEP 4 到原廠的網站下載韌體更新檔（下載檔案方式參見 1.2.2 小節）首先
瀏覽器搜尋：

https://www.asus.com/Networking-IoT-Servers/WiFi-Routers/ASUS-
WiFi-Routers/RTN12_D1/HelpDesk_Download/

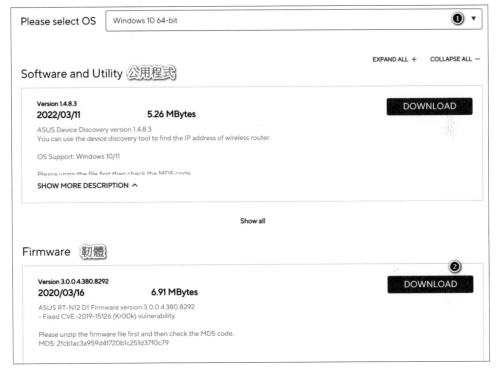

圖 2-87　路由器安全操作畫面（三）

STEP 4 如圖 2-88 所示，進到系統管理（編號 1），選「韌體更新」（編號 2），
然後選取原廠網站下載的更新檔（編號 3），按「上傳」（編號 4）。

圖 2-88　路由器安全操作畫面（四）

STEP 5 完成韌體更新後將更新資訊謄到表格 21。

Tips

當升級過程失敗，RT-N12D1 會自動進入緊急模式。而 RT-N12D1 正面上的 LED 信號即會指示此種情況。請使用光碟或原廠網站上載的「韌體修復」（Firmware Restoration）公用程式進行系統還原作業。這裡所指的公用程式就如圖 2-87 所示。但是如果韌體更新失敗網路就不能連接了，建議在更新韌體前，先下載公用程式備用。

表格 21　網路設備韌體更新與加密一覽表

網路設備名稱	IP 位置	最新版韌體版次	目前韌體版次	更新與否	加密方式
ASUS RT-N12D1	192.168.1.1	3.0.0.4_380	3.0.0.4_376	□更新 ■未更新	■ WPA2 □ WPA3

填表人：　　　　　　審批：　　　　　　日期：

Note

CHAPTER
03

封包監聽與分析

網路的根基是在其上傳輸的封包，本章我們將透過 Wireshark 這個應用程式，探索封包傳到外部的那一個國家（城市）。並且學習利用運算子來搜尋網路封包的通訊協定、時間序和通訊埠。

● 3.1 安裝與開啟 Wireshark

STEP 1 〉 如圖 3-1 所示，用瀏覽器下載 Wireshark（編號 1）並安裝（參見 1.2.4 小節）https://www.wireshark.org/download.html

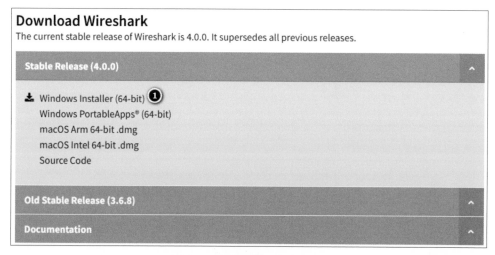

Download Wireshark

The current stable release of Wireshark is 4.0.0. It supersedes all previous releases.

Stable Release (4.0.0)	⌃

⬇ Windows Installer (64-bit) **①**
　Windows PortableApps® (64-bit)
　macOS Arm 64-bit .dmg
　macOS Intel 64-bit .dmg
　Source Code

Old Stable Release (3.6.8)	⌃
Documentation	⌃

圖 3-1　下載安裝 Wireshark

 Tips

Wireshark 是一個功能十分強大的開源的網路封包剖析器，可即時從網路介面擷取封包中的資料。它儘可能詳細地顯示擷取的資料以供使用者檢查它們的內容，並支援多協定的網路封包解析。

STEP 2 〉 如圖 3-2 所示，安裝完成後桌面會有 Wireshark 圖示（編號 1），點擊
二下滑鼠左鍵執行。

圖 3-2 執行 **Wireshark** 程式

STEP 3 〉 如圖 3-3 所示，選擇網路介面（通常是網路卡的名稱），例如筆者的
電腦是在 Wi-Fi 2（編號 1）。

圖 3-3 選擇網路介面

STEP 4 〉 開啟後即會開始截取封包，如圖 3-4 所示，介面中上方是功能表與
按鈕區（編號 1），中間是封包截取區（編號 2）下方左邊是封包表頭
（編號 3），右邊是封包詳細資料（編號 4）最左上角紅色方塊，則是
停止截取封包的圖示。按下後即可以停止截取封包（編號 5）。

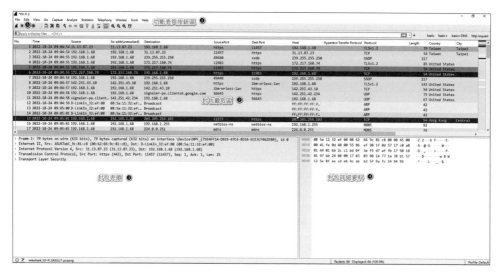

圖 3-4　Wireshark 操作介面示意圖

STEP 5　按 Ctrl-Shift-S，即會開啟檔案儲存視窗，如圖 3-5 所示，儲存於「下
載 \ 資安健診 \ 各章範例 \ 第三章」（編號 1），給檔案取個名字（編
號 2），確認存檔類型為「Wireshark-pcapng」（編號 3）再按下「儲
存」（編號 4）。

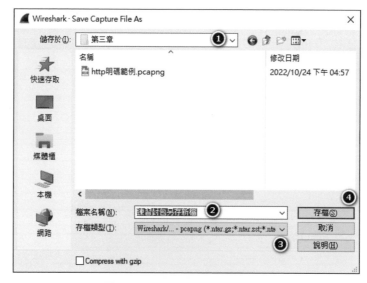

圖 3-5　封包截取檔案另存新檔

3.2 開啟已存檔之封包截取檔案

STEP 1 開啟 Wireshark 後，如圖 3-6 所示，在左上角點選 File（編號 1），再
點選 Open（編號 2）（或按 Ctrl+O）。

圖 3-6　開啟已儲存的封包檔

STEP 2 開啟之檔案如圖 3-7 所示。

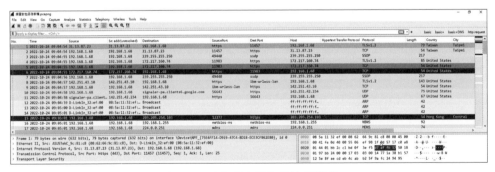

圖 3-7　開啟原先儲存的範例檔案

 Tips

在書附範例的第三章資料夾，作者會放置一些 Wireshark 封包截取的範例檔
案，有興趣的讀者可以練習分析。另外，Wi-Fi 2 指的是無線路由器，也就是
只要有透過這台路由器上網的封包，都可以截取到。

● 3.3 通訊協定概述

　　依 3.1 節所示，截取約 1 小時之封包，並另存新檔為 chap3_example. pcapng。（如圖 3-8 所示）在通訊協定欄（protocol）會有截取到的封包的通訊協定名稱，一一的謄錄到表格 22。

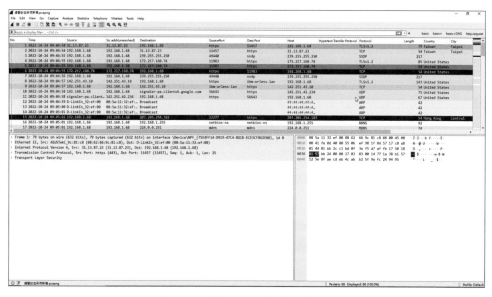

圖 3-8　截取一小時之封包示意圖

　　報表結果注意備註欄，Youtube、Skype、Facebook 都是透過網頁瀏覽通訊；QQ 是透過桌面常駐程式通訊。比較有問題的是 52.163.231.110 這個新加坡的網站，找不到通訊的來源。通常在判讀時，先注意國家（城市），如果為中國或其他罕見的國家就要特別注意。然後是看 IP 的 from 和 to 的位置，從 DNS 解析可以看的到主機名稱，而如果出現罕見的通訊埠也要特別留心。最後是看通訊協定，了解機器在做什麼。

表格 22　本機封包通訊協定一覽表

通訊協定	IP/Domain(From) Port	IP/Domain(To) Port	國家 （城市）	備註
https	52.163.231.110 :https	192.168.1.68 :12648	新加坡	
OICQ7	203.205.236.233 :irdmi	192.168.1.68 :talarian-mcast5	香港中環	Intel 遠端 桌面管理
TLSV1.2	52.163.231.110	192.168.1.68	新加坡	
TCP	52.163.231.110	192.168.1.68	新加坡	
UDP	142.251.42.238	192.168.1.68	美國	Youtube
TCP	192.168.1.68	azscus1-client-s. msnmessenger.msn.com. akadns.net（40.74.219.49）	美國聖安 多尼奧	Skype
TCP	192.168.1.68 :5796	msgr-latest.c10r.facebook .com（31.13.87.23） :https	台北	Facebook

　　填表人：　　　　　　　審批：　　　　　　　日期：

 Tips

封包擷取讀者練習時，黑色底代表封包有些問題，像是 Bad TCP 或一些狀態改變。常見的綠色：HTTP 明碼或利用一些手段解析加密流量後的 HTTP2、UDP 是淺藍色、加密的流量 TLS 是紫色、淺黃色是 SMB（網路芳鄰等）。

● 3.4 案例分享

3.4.1 封包加上地點

預設的 Wireshark 介面是沒有國家和城市的解析的，但是透過 IP 和資料庫可以達成。現在有現成的資料可以下載。完成圖如圖 3-9 所示：

Protocol	Length	Country	City
TLSv1.2	79	Taiwan	Taipei
TCP	54	Taiwan	Taipei
SSDP	217		
TLSv1.2	85	United States	
TCP	54	United States	
TCP	54	United States	
SSDP	217		
TLSv1.2	143	United States	
TCP	54	United States	
UDP	75	United States	
UDP	67	United States	
ARP	42		
ARP	42		
ARP	42		
TCP	54	Hong Kong	Central

圖 3-9　Wireshark 封包分析加上地點完成示意圖

STEP 1 〉連接網站並註冊，然後下載，GeoLite2 ASN、GeoLite2 City、GeoLite2 Country 三個都下載。下載處如所示（如圖 3-10 編號 1 的位置），然後放置到 C:\Program Files\Wireshark\etc\GeoLite，註冊網址如下：
https://www.maxmind.com/en/

Database Products and Subscriptions　　　　Download Databases ❶
　　　　　　　　　　　　　　　　　　　　　　View Your Download History

Databases	Access Starts	Access Ends
GeoLite2 Country	2022-01-09	No end date
GeoLite2 City	2022-01-09	No end date
GeoLite2 ASN	2022-01-09	No end date

圖 3-10　下載 IP 定位資料庫

STEP 2 〉 注意三個檔案都是要下載 GZIP 格式（如圖 3-11 所示編號 1 的位置）。

GeoLite2 Country	Edition ID: GeoLite2-Country Format: GeoIP2 Binary (.mmdb) (APIs) Updated: 2022-10-21	• Download GZIP • Download SHA256 • Get Permalinks

圖 3-11　下載 GZIP 格式

STEP 3 〉 開啟 Wireshark，按 ctrl-shift-p（按住 ctrl、再按住 shift，然後按 p），
然後如所示選「Name Resolution」（編號 1）然後右邊點 MaxMind
database directories 的「Edit」（編號 2）。

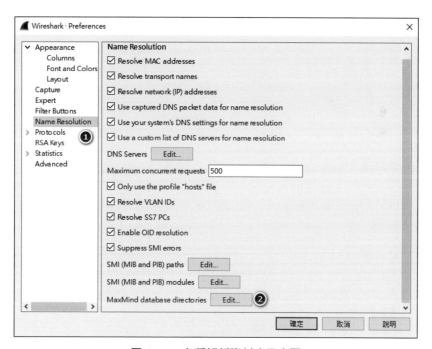

圖 3-12　名稱解析資料庫示意圖

STEP 4 > 如圖 3-13 所示，點選 + 號（編號 1），逐一新增此三個檔案（編號 2 的位置，點 Browse 然後選取 C:\Program Files\Wireshark\etc\GeoLite 下的檔案），完成後按「確定」（編號 3）。

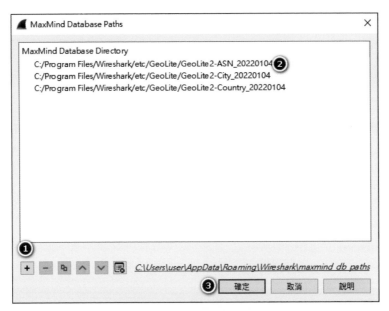

圖 3-13　匯入名稱解析資料

STEP 5 > 如圖 3-14 所示，在欄位區（例如封包編號「No.」）上按滑鼠右鍵（編號 1），在快顯功能表選「Column Preferences」（編號 2）點滑鼠左鍵。

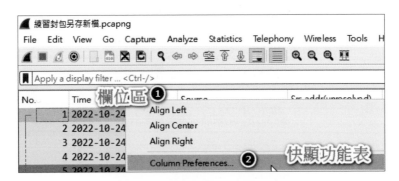

圖 3-14　欄位區顯示快顯功能表

STEP 6 〉 如圖 3-15 所示,首先在畫面左上角點選「Appearance」、「Columns」
（編號 1）,然後右方勾選「Country」,「City」（編號 2、3 的位置）,最
後按確定（編號 4）。

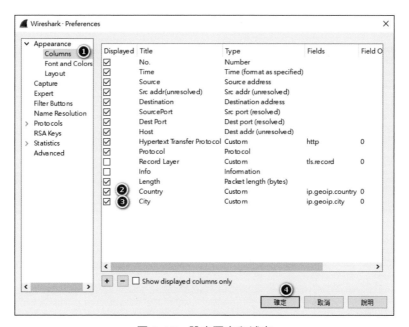

圖 3-15　設定國家和城市

STEP 7 〉 如圖 3-16 所示,國家（編號 1）和城市（編號 2）就出現了。

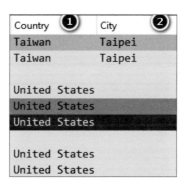

圖 3-16　國家和城市示意圖

3.4.2 篩選器的使用

本小節所介紹的篩選器，如圖 3-17 所示，是指操作介面上方篩選區（編號 1），在這裡可以輸入各種要篩選封包的條件。

圖 3-17　篩選區示意圖

表格 23　運算子

關係	運算子	範例
等於	==	ip.proto == tcp.ack（通訊協定等於 TCP ACK）
不等於	!=	lp.proto != tcp.ack（通訊協定不等於 TCP ACK）
大於	>	frame.len>100（封包長度大於 100）
小於	<	frame.len<100（封包長度小於 100）

如圖 3-18 所示，封包長度大於 100（篩選：frame.len>100）大封包多屬於異常流量的行為。首先我們在篩選區輸入 frame.len>100（編號 1），按下 enter 後在封包表列區的 Length 封包長度就可以看到篩選後的結果都是大於 100 的封包（編號 2）。

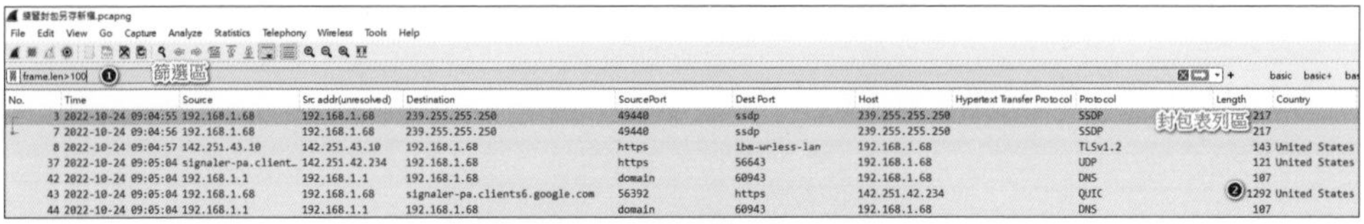

圖 3-18　封包長度大於 100

如圖 3-19 所示，通訊協定不等於 TCP（篩選：ip.proto != tcp.ack）（編號 1），通常排除某特定通訊協定是為了將不需要分析的資訊去除，聚焦在想分析的通訊協定。封包表列區會顯示該篩選結果（編號 2）。

　　Wireshark 的篩選器有自動完成的功能，不妨試試自動完成（就是輸入到一半時會列出可行的選項）通常篩選某特定通訊協定（像是前面表格裡面的 tcp，udp，dns 等等）是為了找出特定的網路行為，像是 TCP 是透過網頁瀏覽。我們就可以分析來源位置、目的位置等欄位，找到有用資訊。

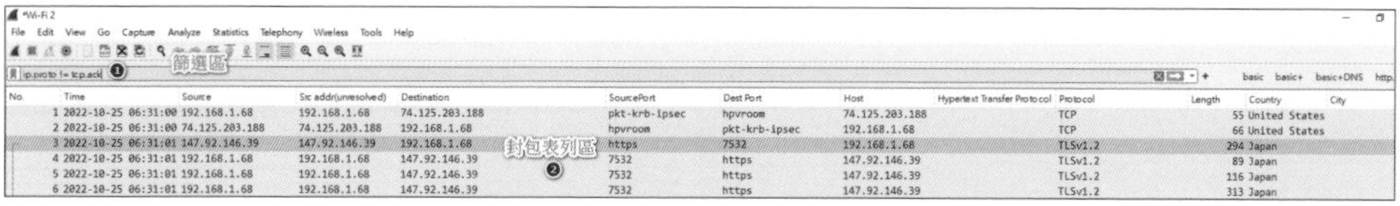

圖 3-19　通訊協定不等於 TCP

Tips

表格 24 和表格 25 裡面的範例，一樣是丟到篩選器裡面做篩選，就由讀者自行練習。等於（==）運算子也可以直接輸入，比方在篩選區輸入 http，就可以篩選出 http 通訊協定的封包。

表格 24　過濾範例

類型		說明	範例
eth	dst	目的 MAC	Eth.dst == ff:ff:ff:ff:ff:ff
	src	來源 MAC	Eth.src == 08-5A-11-32-EF-00[9]
	addr	MAC 位址	Eth.addr == 08-5A-11-32-EF-00
	type	下一層協定	Eth.type == 0x0800（IP） Eth.type == 0x0806（ARP）

1　在左下角命令列輸入 cmd，然後輸入 ipconfig /all，出現的實體位址就是網路卡的 MAC Address。

類型		說明	範例
ip	dst	目的 IP	Ip.dst == 192.168.1.68
	src	來源 IP	Ip.src == 192.168.1.68
	addr	IP 位址	Ip.addr == 192.168.1.68
	proto	下一層協定	Ip.proto == 0x06（TCP） Ip.proto == 0x01（ICMP） Ip.proto == 0x11（UDP）
tcp	dstport	目的 Port	Tcp.dstport == 80（HTTP）
	srcport	來源 Port	Tcp.srcport == 21（FTP）
	port	埠口編號	Tcp.port == 23（telnet）
udp	dstport	目的 Port	Udp.dstport == 53（DNS）
	srcport	來源 Port	Udp.srcport == 53
	port	埠口編號	Udp.port == 53

表格 25 篩選條件運算子

邏輯	運算子	範例
AND	and	ip.proto == tcp and ip.dst == 192.168.1.68
	&&	ip.proto == tcp && ip.dst == 192.168.1.68
OR	or	ip.proto == tcp or ip.dst == 192.168.1.68
	||	ip.proto == tcp || ip.dst == 192.168.1.68
NOT	not	not（ip.proto == tcp）
	!	!（ip.proto == tcp）

3.4.3　http 明碼傳輸案例練習

STEP 1〉開啟 Wireshark 並截取封包（如 3.1 節）。

STEP 2 〉 如所示，瀏覽器用 Google 搜尋引擎搜尋「http」，例如下列網址，
練習輸入任意密碼（編號 1）然後按確定登入（編號 2）：http://web.
ucw.idv.tw/sport/LLBB/Medit.asp

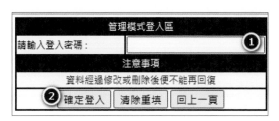

圖 3-20　管理模式登入區示意圖

STEP 3 〉 停止截取封包並另存新檔為「http 明碼範例 .pcapng」。

STEP 4 〉 如圖 3-21 所示，篩選區輸入 http 按 enter 篩選（編號 1），封包資
料區會顯示所有 http 通訊協定的封包，然後逐一點選 **2**，例如 154 號
封包（編號 2），點選後封包表頭區（編號 3）確認一下，Frame 為
154，接著封包內容區（編號 4）就會有剛才輸入的密碼（123123）。

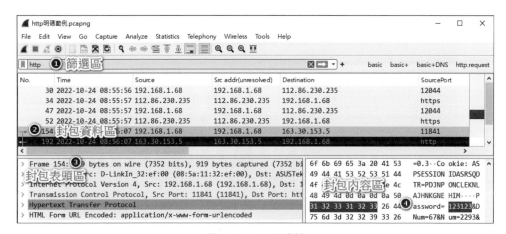

圖 3-21　明碼傳輸

---

2 配合 Step2 輸入的時間點。

> **Tips**
>
> http 是明文傳輸不加密，所以封包中會列示密碼內容。現在無線網路 WiFi 越來越方便，駭客只要用 Wireshark 監聽封包，然後找 http 通訊協定，就容易有意外收獲。也衍生出假冒的 WiFi 熱點，吸引使用者連線再截取封包。

3.4.4 進階練習網站

STEP 1 〉 如圖 3-22 所示，開啟瀏覽器連結至中華民國網路封包分析協會

https://www.nspa-cert-tw.org/2521634899/january-12th-2021

圖 3-22　中國民國網路封包分析協會

STEP 2 除了看該協會的資訊外,也可以練習協會所提到的下列網路封包的
檢查:

1. 異常或罕見的 DNS 網路通訊封包

2. 異常的 HTTP/HTTPS 網路通訊封包

3. 異常的 SMTP 網路通訊封包

4. 異常的 FTP 網路通訊封包

5. 異常或罕見的 TCP- 高 Port 通訊封包(例如 :TCP-9001, TCP-5555
等等)

6. 異常的 RDP 或 SMB 通訊封包

 Tips

Windows 也有內建的命令列封包分析工具,請讀者參考下面這篇文章,封包
分析後可以轉成 pcapng 檔,再用 wireshark 開啟。至於為何要用 Windows 內
建的封包分析功能,原因是使用者的電腦不一定都適合安裝 Wireshark,此時
網路人員要 Living Off-the-Land(靠山吃山靠海吃海),用隨身碟將 Windows
分析出來的封包帶回資訊部門研究。

https://blog.darkthread.net/blog/pktmon/

如圖 3-23 所示,新心資安科技提供「Windows 封包截取市集」的 Google
表單,企業的網路管理者或個人可以將前述步驟所得到,感覺有異狀的防火
牆輸出入規則,透過提交表單的方式提供給本公司,本公司收到後將會進行
研判。

https://newmindsec.blogspot.com/p/windows_24.html

圖 3-23　windows 封包截取市集

研判結果會寫在下面這個 Google 試算表：

https://docs.google.com/spreadsheets/d/1m_BjSPX026CxRmoJvHCE7E5
864EyfMfVLAzpshOV4rl/edit?resourcekey#gid=1808055954

CHAPTER

04

網路設備紀錄檔分析

檢視資安設備（如防毒軟體、網路防火牆、應用程式防火牆、APT 防禦措施、電子郵件過濾及 IDS/IPS 等）紀錄檔，分析過濾內部電腦或設備是否有對外之異常連線紀錄。

發現異常連線之電腦或設備應確認使用狀況與用途。

資安設備紀錄檔分析以 1 個月或 100M byte 內的紀錄為原則。

4.1 防毒軟體 Windows Defender 的保護歷程記錄

保護歷程記錄只會保留兩周的事件，此後它們就會消失於此頁面。操作方法如下：

STEP 1〉 如圖 4-1 所示，在左下角的搜尋方塊輸入「Windows 安全性」（編號1），然後點選「開啟」（編號 2）。

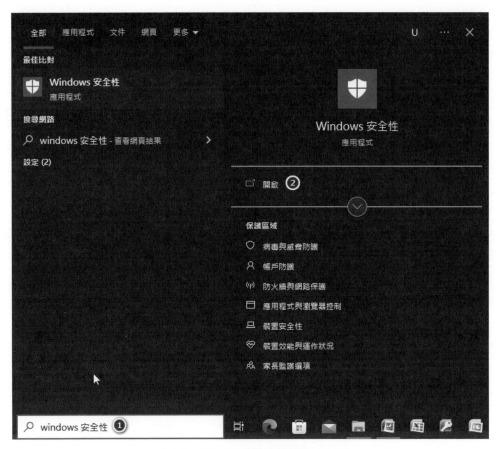

圖 4-1　Windows 安全性操作（一）

STEP 2 　如圖 4-2 所示，左方功能表區用滑鼠左鍵點選「病毒與威脅防護」
（編號 1）然後右方內容區用滑鼠左鍵點選「保護歷程紀錄」（編
號 2）。

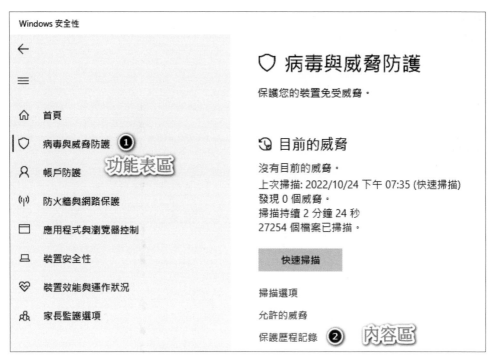

圖 4-2　Windows 安全性操作（二）

STEP 3 如圖 4-3 所示，從篩選器篩選紀錄，以筆者電腦目前只有一個要設定
OneDrive 的提醒。（編號 1）如果最近有掃描到病毒，會顯示在這裡。

圖 4-3　Windows 安全性操作（三）

● **4.2 工作管理員**

STEP 1〉按 Ctrl-Alt-Delete 這三個鍵（先按住 Ctrl 不放，再按住 Alt 不放，然後按 Del），選「工作管理員」。

STEP 2〉如圖 4-4 所示，選「開機」（編號 1），逐一檢視開機時系統所載入的常駐程式，例如筆者的電腦莫名多出 _1040D205D267C6A1FFBB7E. exe（編號 2）此時即需將此不需要的程式上按右鍵，選「停用」（編號 3）。

圖 4-4　工作管理員（一）

Tips

請注意圖 4-4，在「停用」下方有一個功能「開啟檔案位置」，可以幫助我們掌握該程式是安裝在什麼地方（從資料夾名稱去猜是否為惡意程式）以 _1040D205 D267C6A1FFBB7E.exe 為例，可以看出是郵局網路 ATM，但是檔案大小可疑。建議使用者在發現不明程式時，可以聯絡原廠了解是否為惡意程式。

STEP 3 接著如圖 4-5 所示，頁籤區用滑鼠左鍵點選「服務」（編號 1）然後檢視「狀態」（編號 1）有二種，已停止和執行中，逐一檢視是否有異常的服務。如需匯出清單，則在開啟服務上按左鍵選「開啟服務」（編號 3）。

圖 4-5　工作管理員（二）

STEP 4 如圖 4-6 所示，在開啟的服務視窗，功能表區按「動作」（編號 1），再按「匯出清單」（編號 3），服務的詳細資料有各項服務的資料（編號 2）。

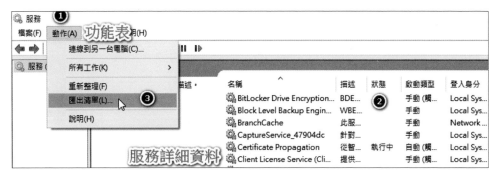

圖 4-6　服務詳細資料

STEP 5 如圖 4-7 所示，儲存位置區點選「下載＼資安健診＼各章範例＼第四章」（編號 1），然後在檔案存檔區輸入檔案名稱「service_desktop.txt」（編號 2），檔案類型選「Unicode 文字檔（以 Tab 分隔）」（編號 3），按下存檔（編號 4）。

圖 4-7　將匯出服務清單另存成以 tab 分隔文字檔

STEP 7 然後以 Excel 讀取此文字檔（分隔符號為 tab）並另存為 Excel 試算表格式如表格 26。

表格 26　匯出服務清單（節錄）

名稱	描述	狀態	啟動類型	登入身分
Adobe Acrobat Update Service	Adobe Acrobat Updater keeps your Adobe software up to date.	執行中	自動	Local System
Agent Activation Runtime_47904dc	Runtime for activating conversational agent applications	執行中	手動	Local System
Application Information	以其他管理權限協助執行互動式應用程式。使用者在執行想要的工作時可能會需要這些權限。如果停止此服務，使用者將無法以其他管理權限來啟動應用程式。	執行中	手動（觸發程序啟動）	Local System
AVCTP 服務	這是音訊／視訊控制傳輸通訊協定服務	執行中	手動（觸發程序啟動）	Local Service
Azure AttestService		執行中	自動	Local System

STEP 8 完成匯入後，將表格 26 的內容謄到表格 27，從描述欄我們可以大略判斷這些服務是做什麼的、那家公司的、是不是安全。所以如果描述欄為空白的，例如 Azure AttestService，就需要深入查詢。

表格 27　使用者電腦開啟服務一覽表

名稱	描述	狀態	啟動類型
Adobe Acrobat Update Service	Adobe Acrobat Updater keeps your Adobe software up to date.	執行中	自動
Agent Activation Runtime_47904dc	Runtime for activating conversational agent applications	執行中	手動
Application Information	以其他管理權限協助執行互動式應用程式。使用者在執行想要的工作時可能會需要這些權限。如果停止此服務，使用者將無法以其他管理權限來啟動應用程式。	執行中	手動（觸發程序啟動）
AVCTP 服務	這是音訊 / 視訊控制傳輸通訊協定服務	執行中	手動（觸發程序啟動）
Azure AttestService		執行中	自動
Background Tasks Infrastructure Service	控制哪些背景工作可在系統上執行的 Windows 基礎結構服務。	執行中	自動

填表人：　　　　　　　審批：　　　　　　　日期：

　　如圖 4-8 所示，新心資安科技提供「Windows 服務清單市集」的 Google 表單，網址為：https://newmindsec.blogspot.com/p/windows_25.html

企業的網路管理者或個人可以將前述步驟所得到，感覺有異狀的防火牆輸出入規則，透過提交表單的方式提供給本公司，本公司收到後將會進行研判。

研判結果會寫在下面這個 Google 試算表：

https://docs.google.com/spreadsheets/d/1tS1_Q1cF0dGN4ChPoDNSougpk53uNgcg5zzWeoo47zc/edit#gid=156497831

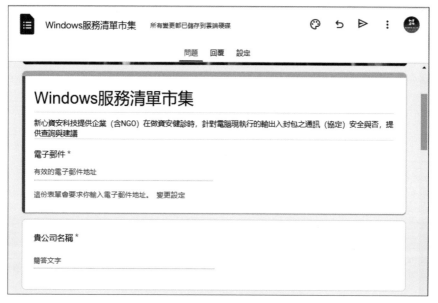

圖 4-8　Windows 服務清單市集

● 4.3　資源監視器

決勝於千里之外，是資訊人員應該追求的目標，通常駭客執行攻擊程式時都會耗費 CPU（GPU）和記憶體，所以當使用者抱怨電腦變慢的時候，須加以重視。

📝 **Tips**

讓我們讀一段資安專家對於惡意程式的描述:「駭客先是發送帶有 VHD 虛擬磁碟檔案的垃圾郵件,對受害者進行網路釣魚攻擊,此 VHD 檔案的內容包含了 Quote.lnk 與 imagedata.ps1,一旦受害者執行了 LNK 檔案,就會觸發後者的 PowerShell 指令碼,並於背景執行,然後解密另一個指令碼,最終透過後期滲透工具 PowerSploit,將 DLL 程式庫載入 PowerShell 處理程序的方法來執行 Bumblebee。」首先是電子郵件內容,然後是附加檔案的執行,然後是 windows 執行程式,就我們所學到的,是不是比較清晰的知道發生了什麼事呢?

STEP 1〉續上節,如圖 4-9 所示,先按 ctrl-alt-del 開啟並點擊工作管理員,選擇「效能」頁籤(編號 1),檢視區和詳細資料區會出現 CPU、記憶體、硬碟、網路等概況但不易讀(編號 2、3 的位置),點選左下角狀態列上「資源監視器」(編號 4)。

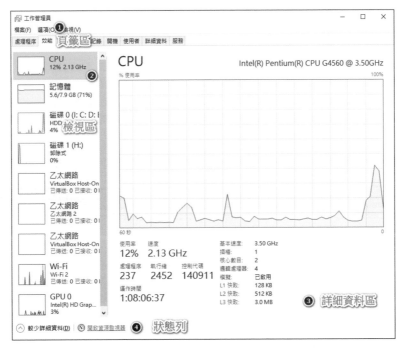

圖 4-9　工作管理──員效能

STEP 2 首先如圖 4-10 所示，頁籤區我們選「概觀」（編號 1），然後資源
監視器會列出 CPU 所處理的程式例如 system 我們把它打勾。（編號
2）此時磁碟、網路、記憶體都會針對此一程式顯示詳細資訊（編號
3、4、5 的位置）這有什麼好處呢？答案是可以幫助我們了解執行
了那些程式，以找出惡意程式。例如 system 會執行 C：\users\user\
Appdata\Local\Google\Chrome\user 下的程式，我們就可以逐一去看
這支程式呼叫了那些程式，再用 Google 查詢各個程式是在做什麼以
及安全與否。

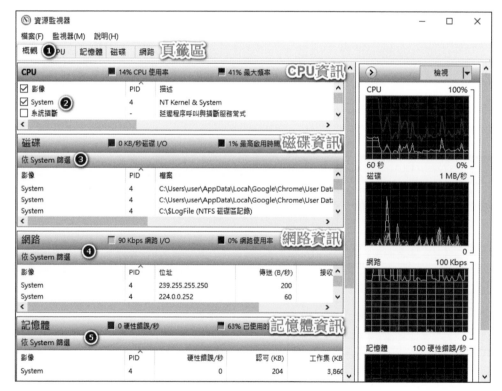

圖 4-10　資源監視器

Tips

書附範例第四章資料夾有「資源監視器錄影檔 .mp4」，以動態錄影方式呈現
資源監視器篩選 system 後的監視畫面。

● 4.4 路由器記錄檔分析

　　路由器的工作是協調一個網路與另一個網路之間的通訊。一臺路由器包含
多個網絡卡，每一個網絡卡連線到不同的網段。當用戶把一個數據包傳送到本
機以外的一個不同的網段時，這個資料包將被髮送到路由器。路由器將決定這
個資料包應該轉發給哪一個網段。如果這臺路由器連線兩個網段或者十幾個網
段也沒有關係。[1] 要列出路由表，命令如下：

STEP 1 〉 如圖 4-11 所示，在左下角方塊處輸入 cmd（編號 1），然後選「以系
　　　　 統管理員身份執行」（編號 2）。

1　https://www.796t.com/content/1549552698.html

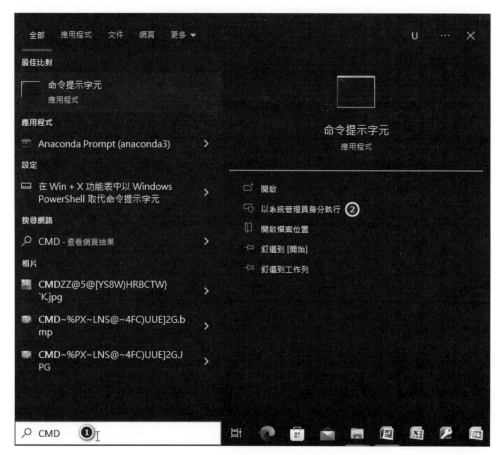

圖 4-11　命令提示字元

STEP 2 輸入 route PRINT 指令，系統會列出介面清單和路由表。

Microsoft Windows [版本 10.0.19045.2130]

(c)Microsoft Corporation. 著作權所有，並保留一切權利。

C:\WINDOWS\system32>route PRINT

介面清單後面會接路由表，路由表整理如表格 28 所示

介面清單

7...30 9c 23 87 6c f4 ......Realtek PCIe GbE Family Controller

```
19...0a 00 27 00 00 13 ......VirtualBox Host-Only Ethernet Adapter

16...02 00 4c 4f 4f 50 ......Microsoft KM-TEST Loopback Adapter

20...0a 00 27 00 00 14 ......VirtualBox Host-Only Ethernet Adapter #2

14...0a 5a 11 32 ef 00 ......Microsoft Wi-Fi Direct Virtual Adapter #3

18...08 5a 11 32 ef 00 ......Microsoft Wi-Fi Direct Virtual Adapter #4

9...08 5a 11 32 ef 00 ......AC1300 MU-MIMO Wi-Fi USB Adapter

1.........................Software Loopback Interface 1
```

STEP 3 路由一覽表的閱讀方式，首先網路目的地為 0.0.0.0 的是預設路由意思就是說，當一個數據包的目的網段不在你的路由記錄中，那麼，你的路由器該把那個資料包傳送到那裡！預設路由的閘道器是由你的連線上的 default gateway 決定的。而 192.168.1.68 則為本地主機路由，當系統接收到一個目標 IP 地址為本地網絡卡 IP 地址的封包時，系統會將該封包收下。

表格 28　路由一覽表

網路目的地[2]	網路遮罩	閘道	介面[3]	計量[4]
0.0.0.0	0.0.0.0	192.168.1.1	192.168.1.68	50
127.0.0.0	255.0.0.0	在連結上	127.0.0.1	331
127.0.0.1	255.255.255.255	在連結上	127.0.0.1	331
127.255.255.255	255.255.255.255	在連結上	127.0.0.1	331
169.254.0.0	255.255.0.0	在連結上	169.254.86.107	281

2　列出了路由器連線的所有的網段。

3　介面列告訴路由器哪一個網絡卡連線到了合適的目的網路。

4　計量用於指出路由的成本，通常情況下代表到達目標地址所需要經過的跳躍數量，一個計量代表經過一個路由器。計量越低，代表路由成本越低，優先順序越高。

網路目的地	網路遮罩	閘道	介面	計量
169.254.86.107	255.255.255.255	在連結上	169.254.86.107	281
169.254.255.255	255.255.255.255	在連結上	169.254.86.107	281
192.168.1.0	255.255.255.0	在連結上	192.168.1.68	306
192.168.1.68	255.255.255.255	在連結上	192.168.1.68	306
192.168.1.255	255.255.255.255	在連結上	192.168.1.68	306
192.168.24.0	255.255.255.0	在連結上	192.168.24.1	281
192.168.24.1	255.255.255.255	在連結上	192.168.24.1	281
192.168.24.255	255.255.255.255	在連結上	192.168.24.1	281
192.168.56.0	255.255.255.0	在連結上	192.168.56.1	281
192.168.56.1	255.255.255.255	在連結上	192.168.56.1	281
192.168.56.255	255.255.255.255	在連結上	192.168.56.1	281
224.0.0.0	240.0.0.0	在連結上	127.0.0.1	331
224.0.0.0	240.0.0.0	在連結上	192.168.56.1	281
224.0.0.0	240.0.0.0	在連結上	192.168.24.1	281
224.0.0.0	240.0.0.0	在連結上	192.168.1.68	306
224.0.0.0	240.0.0.0	在連結上	169.254.86.107	281
255.255.255.255	255.255.255.255	在連結上	127.0.0.1	331
255.255.255.255	255.255.255.255	在連結上	192.168.56.1	281
255.255.255.255	255.255.255.255	在連結上	192.168.24.1	281
255.255.255.255	255.255.255.255	在連結上	192.168.1.68	306
255.255.255.255	255.255.255.255	在連結上	169.254.86.107	281

 Tips

表格 28 中所列示的 192.168.1.68 是筆者電腦的 IP,在命令提示字元(即 CMD)輸入 ipconfig 就可以看到自己的 IP 位置。

CHAPTER
05

使用者端電腦惡意
程式或檔案檢視

針 對個人電腦進行是否存在惡意程式或檔案檢視，檢視項目包含活動中與潛藏惡意程式、駭客工具程式及異常帳號與群組。

● 5.1 異常帳號或群組

在 Windows 上要找出異常的帳號，可以參考以下指令。

STEP 1〉如圖 4-11 所示，在左下角方塊處輸入 cmd（編號 1），然後選「以系統管理員身份執行」（編號 2）。

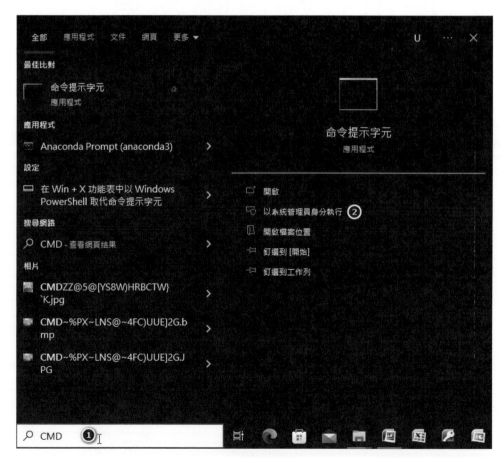

圖 5-1　命令提示字元

STEP 2 〉輸入 net user（注意 net 和 user 之間要空一格），即可列出本機的各
個使用者帳戶。

Microsoft Windows [版本 10.0.19045.2130]

(c)Microsoft Corporation. 著作權所有，並保留一切權利。

C:\WINDOWS\system32>net user

\\DESKTOP-PJ689UV 的使用者帳戶

Administrator   DefaultAccount   Guest

user   WDAGUtilityAccount

命令已經成功完成。

STEP 3 〉輸入 lusrmgr.msc，如圖 5-2 所示會列出本機所有的使用者和群組。

Microsoft Windows [版本 10.0.19045.2130]

(c)Microsoft Corporation. 著作權所有，並保留一切權利。

C:\WINDOWS\system32>lusrmgr.msc

圖 5-2　本機使用者與群組

STEP 4 　如圖 5-3 所示，點選功能表「動作」（編號 1），再點選「匯出清單」
（編號 2），將使用者和群組資訊分別匯出成為 user.csv 和 group.csv
備用。

圖 5-3　匯出使用者與群組清單

STEP 5 　如所示，在本機資料區選「使用者」（編號 1），然後在右邊詳細資料
區每個使用者上按右鍵（編號 2）（圖示以 Administrator 為例），選內
容（編號 3）。

圖 5-4　使用者內容（一）

STEP 6 　如所示，點擊頁籤區「成員隸屬」（編號 1），即可以在詳細資料區看
到該使用者的群組（編號 2），然後重覆此一步驟，填列表格 29。

圖 5-5　使用者內容（二）

　　此外，還記得我們前面輸入 CMD 命令提示字元，然後以系統管理員執行嗎？此處的系統管理員即指 Administrator 群組。我們可以在命令提示字元裡輸入 Net localgroup "Administrators"，即可以列出所有群組為系統管理員的使用者。（讀者可與表格 29 對照）

C:\WINDOWS\system32>Net localgroup "Administrators"

別名　　Administrators

註解　　Administrators 可以完全不受限制地存取電腦 / 網域

成員

```
------------------------------------------------------------------

Administrator

user

命令已經成功完成。
```

表格 29　本機帳號與群組一覽表

使用者帳號	群組一	群組二	群組三
Administrator	Administrators		
DefaultAccount	System Managed Accounts Group		
Guest	Guests		
user	Administrators	Performance Log Users	
WDAGUtilityAccount[1]	無		

填表人：　　　　　　　審批：　　　　　　　日期：

 Tips

駭客入侵電腦後，會嘗試提升權限，也就是改變帳號所屬群組，成為更高的權限。但無論如何，駭客一定要有一個使用者名稱才能進行權限提升。常用的使用者名稱為 user 或 Administrator，也就是暴力破解使用者密碼後直接使用。但也有很細心的駭客會刻意使用一個特別的使用者名稱，所以如果看到可疑的使用者名稱就要提高警覺。而如果駭客使用 user 呢？此時就要參考 4.3 節，將系統執行的可疑程式找出來刪除並阻斷。

1　如果我們使用的是 Windows 10，則還將具有 WDAGUtilityAccount 帳戶，該帳戶連結到 Windows Defender 並由 Windows Defender 管理保護我們的電腦。

● 5.2 惡意程式檢測——Windows 安全性

在 Windows 的平台中，可以使用內建的防毒軟體來進行惡意程式的檢測。方法如下：

STEP 1 如圖 5-6 所示左下角搜尋方塊區輸入 Windows 安全性（編號 1），保護區域則點病毒及威脅防護（編號 2）。

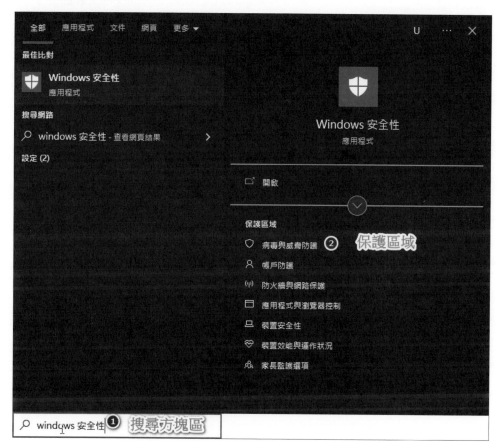

圖 5-6　Windows 安全性——病毒與威脅防護

STEP 2 如圖 5-7 所示點選「掃描選項」（編號 1）。

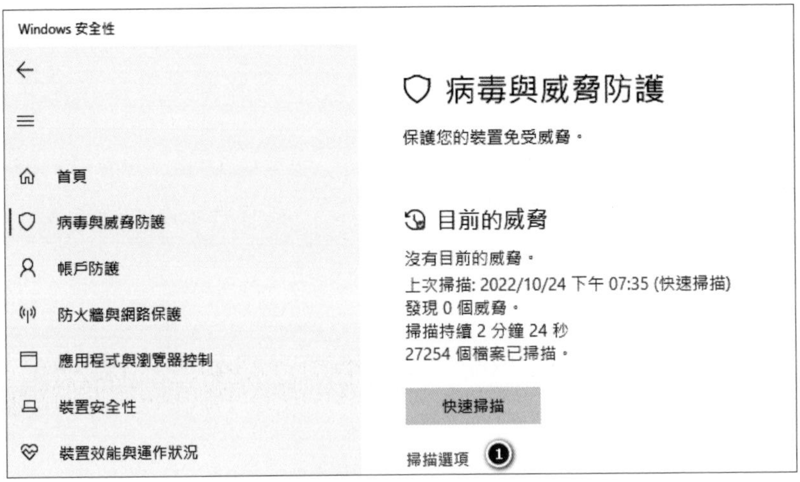

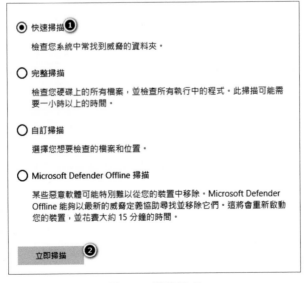

Windows 安全性

←

≡

⌂ 首頁

♡ 病毒與威脅防護

Ꮟ 帳戶防護

((ᵖ)) 防火牆與網路保護

⊟ 應用程式與瀏覽器控制

凸 裝置安全性

♡ 裝置效能與運作狀況

♡ 病毒與威脅防護

保護您的裝置免受威脅。

⟳ 目前的威脅

沒有目前的威脅。

上次掃描: 2022/10/24 下午 07:35 (快速掃描)
發現 0 個威脅。
掃描持續 2 分鐘 24 秒
27254 個檔案已掃描。

快速掃描

掃描選項 ❶

圖 5-7　掃描選項

STEP 3 如圖 5-8 所示，快速掃描、完整掃描、自訂（位置）掃描、離線
（Offline）掃描分別適用於不同的情境，可交叉選用（編號 1）。然後
選「立即掃描」，即可進行惡意程式與病毒掃描（編號 2）。

◉ 快速掃描 ❶

　檢查您系統中常找到威脅的資料夾。

○ 完整掃描

　檢查您硬碟上的所有檔案，並檢查所有執行中的程式。此掃描可能需
　要一小時以上的時間。

○ 自訂掃描

　選擇您想要檢查的檔案和位置。

○ Microsoft Defender Offline 掃描

　某些惡意軟體可能特別難以從您的裝置中移除。Microsoft Defender
　Offline 能夠以最新的威脅定義協助尋找並移除它們。這將會重新啟動
　您的裝置，並花費大約 15 分鐘的時間。

立即掃描 ❷

圖 5-8　掃描選項

Tips

快速掃描：檢查系統中常找到威脅的資料夾。

完整掃描：檢查硬碟上所有檔案。

自訂（位置）掃描：選擇想要檢查的檔案和位置。

離線（offline）掃描：移除前開三項掃描所無法利除的惡意程式，例如開機型病毒，在開機時即佔用，需要使用此項掃描方式，重新開機並掃描。

● **5.3 駭客工具程式檢測**

警政署有提供惡意程式偵測工具，可在每台 windows 主機上執行並截圖。

STEP 1 如圖 5-9 所示，參見 1.2.5，在資安健診資料夾（編號 1、2 的位置）找到已下載之 NPASCAN v1.8.exe（編號 3）。

圖 5-9　NTPSCAN（一）

STEP 2 如圖 5-10 所示，程式檢測後如沒有偵測到惡意程式就會顯示視窗，按下確定即可。

```
-==<< 警政署惡意程式偵測工具 NPASCAN v1.8 >>==-
Powered By   : npascan@npa.gov.tw
Download Url : http://www.npa.gov.tw/
Current User : DESKTOP-PJ689UV\user
Current IP   : 192.168.24.1
Start Time   : 27 October 2022 18:28:12
掃描中請稍候 ...
######
```

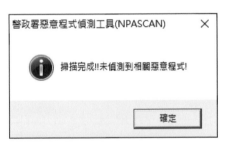

圖 5-10　未偵測到相關惡意程式

CHAPTER

06

使用者電腦更新檢視

本 章使用者電腦更新檢視主要做下列三件事情：

1. 檢視使用者電腦之 Microsoft 作業系統更新情形。

2. 檢視使用者電腦之應用程式之安全性更新情形（包含 Office 應用程式舉凡 Word、Powerpoint、Excel、Access 等、Adobe Acrobat 及 Java 應用程式 等）。

3. 檢視使用者電腦是否使用已經停止支援之作業系統或軟體（如 Windows XP、Windows 7、Office 2003、Office 2007、Adobe Flash Player 等針對使 用終止支援之軟體，建議其停用並移除應用軟體。

● 6.1 Microsoft 作業系統更新情形

Window 10 的桌機和筆電需要時常更新，資安健診時以安裝完所有重要更 新為目標。操作方式如下：

STEP 1 如圖 6-1 所示左下角方塊輸入 Windows Update 設定（編號 1），點選 「開啟」（編號 2）。

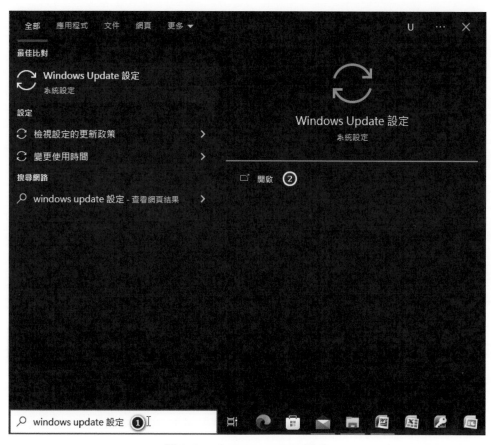

圖 6-1　windows update 設定

STEP 2〉 如圖 6-2 所示進到 Windows Update 視窗，檢視上次檢查日期（編
號 1），按下「檢查更新」（編號 2），然後將所有更新點選「下載並安
裝」（編號 3）。

Windows Update

您現在為最新狀態
上次檢查日期: 今天，下午 06:54 **①**

檢查更新 **②**

有可選擇的品質更新可供使用

2022-10 適用於 x64 系統 Windows 10 Version 22H2 的累積更新 (KB5018482)

下載並安裝 **③** 檢視所有可選擇的更新

圖 6-2　Windows Update 檢查更新

 Tips

如因更新而導致 Windows 無法正常運作，此時請參考 2.1.8 小節進行系統還原。

● 6.2　應用程式安全性更新情形

STEP 1〉如圖 6-3 所示左下角方塊輸入 Windows Update 設定（編號 1），點選「開啟」（編號 2）。

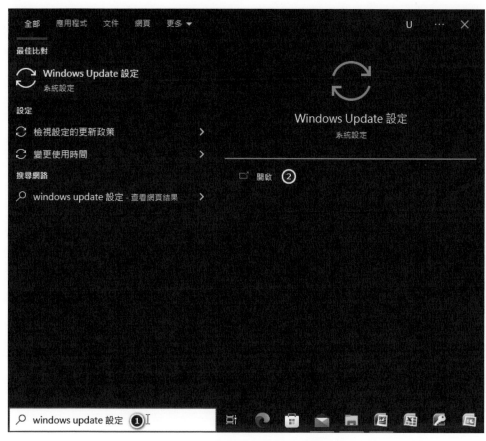

圖 6-3　Windows Update 設定

STEP 2 如圖 6-4 所示，點選「檢視更新紀錄」（編號 1）。

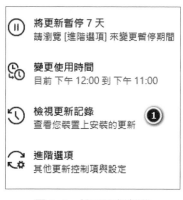

圖 6-4　檢視更新紀錄

STEP 3 如圖 6-5 所示，檢視品質更新中的更新內容。

更新記錄

∨ 功能更新 (3)

Windows 10 功能更新，版本 22H2
已順利在 2022/10/24 安裝
看看此更新有哪些新增功能

Windows 10 功能更新，版本 21H2
已順利在 2022/3/5 安裝

Windows 10 功能更新，版本 21H1
已順利在 2021/7/21 安裝

∨ 品質更新 (50)

2022-10 適用於 x64 系統 Windows 10 Version 22H2 的更新 (KB4023057)
已順利在 2022/10/26 安裝

2022-10 適用於 x64 系統 Windows 10 Version 21H2 的累積更新 (KB5018410)
已順利在 2022/10/12 安裝

2022-09 適用於 x64 系統 Windows 10 Version 21H2 的累積更新 (KB5017308)
已順利在 2022/9/14 安裝

圖 6-5　更新紀錄

接下來假設我們想將更新檔匯出，操作步驟如下。

STEP 1 如圖 6-6 所示，在左下角方塊處輸入 cmd（編號 1），然後選「以系統管理員身份執行」（編號 2）。

圖 6-6　命令提示字元

STEP 2　輸入 wmic qfe list full /format:csv > d:\hotfixes.csv

Microsoft Windows [版本 10.0.19045.2130]

(c)Microsoft Corporation. 著作權所有，並保留一切權利。

C:\WINDOWS\system32>wmic qfe list full /format:csv > d:\hotfixes.csv

STEP 3 然後將檔案由 D 磁碟機移動到下載 \ 資安健診 \ 各章範例 \ 第六章，
並整理如下，注意 Caption 欄位有該更新的詳細介紹。

表格 30　Windows 更新匯出一覽表

Node	Caption	CSName	Description	Fix Comments	HotFixID	Install Date	InstalledBy	InstalledOn
DESKTOP-PJ689UV	http://support.microsoft.com/?kbid=5017022	DESKTOP-PJ689UV	Update		KB5017022		NT AUTHORITY\SYSTEM	9/14/2022
DESKTOP-PJ689UV	https://support.microsoft.com/help/4562830	DESKTOP-PJ689UV	Update		KB4562830		NT AUTHORITY\SYSTEM	12/11/2020
DESKTOP-PJ689UV	https://support.microsoft.com/help/4577266	DESKTOP-PJ689UV	Security Update		KB4577266		NT AUTHORITY\SYSTEM	11/4/2020
DESKTOP-PJ689UV	https://support.microsoft.com/help/4577586	DESKTOP-PJ689UV	Update		KB4577586		NT AUTHORITY\SYSTEM	2/22/2021
DESKTOP-PJ689UV	https://support.microsoft.com/help/4580325	DESKTOP-PJ689UV	Security Update		KB4580325		NT AUTHORITY\SYSTEM	11/10/2020
DESKTOP-PJ689UV	https://support.microsoft.com/help/4586864	DESKTOP-PJ689UV	Security Update		KB4586864		NT AUTHORITY\SYSTEM	11/13/2020
DESKTOP-PJ689UV	https://support.microsoft.com/help/4593175	DESKTOP-PJ689UV	Security Update		KB4593175		NT AUTHORITY\SYSTEM	12/11/2020
DESKTOP-PJ689UV	https://support.microsoft.com/help/4598481	DESKTOP-PJ689UV	Security Update		KB4598481		NT AUTHORITY\SYSTEM	1/15/2021
DESKTOP-PJ689UV	https://support.microsoft.com/help/5000736	DESKTOP-PJ689UV	Update		KB5000736		NT AUTHORITY\SYSTEM	7/21/2021
DESKTOP-PJ689UV	https://support.microsoft.com/help/5003791	DESKTOP-PJ689UV	Update		KB5003791		NT AUTHORITY\SYSTEM	3/5/2022

Node	Caption	CSName	Description	Fix Comments	HotFixID	Install Date	InstalledBy	InstalledOn
DESKTOP-PJ689UV	https://support.microsoft.com/help/5012170	DESKTOP-PJ689UV	Security Update		KB5012170		NT AUTHORITY\SYSTEM	8/10/2022
DESKTOP-PJ689UV	https://support.microsoft.com/help/5017308	DESKTOP-PJ689UV	Security Update		KB5017308		NT AUTHORITY\SYSTEM	9/14/2022
DESKTOP-PJ689UV		DESKTOP-PJ689UV	Update		KB5006753		NT AUTHORITY\SYSTEM	11/12/2021
DESKTOP-PJ689UV		DESKTOP-PJ689UV	Update		KB5007273		NT AUTHORITY\SYSTEM	12/17/2021
DESKTOP-PJ689UV		DESKTOP-PJ689UV	Security Update		KB5011352		NT AUTHORITY\SYSTEM	2/11/2022
DESKTOP-PJ689UV		DESKTOP-PJ689UV	Update		KB5011651		NT AUTHORITY\SYSTEM	4/15/2022
DESKTOP-PJ689UV		DESKTOP-PJ689UV	Security Update		KB5014032		NT AUTHORITY\SYSTEM	5/11/2022
DESKTOP-PJ689UV		DESKTOP-PJ689UV	Update		KB5014035		NT AUTHORITY\SYSTEM	6/17/2022
DESKTOP-PJ689UV		DESKTOP-PJ689UV	Update		KB5014671		NT AUTHORITY\SYSTEM	7/14/2022
DESKTOP-PJ689UV		DESKTOP-PJ689UV	Update		KB5015895		NT AUTHORITY\SYSTEM	8/10/2022
DESKTOP-PJ689UV		DESKTOP-PJ689UV	Update		KB5016705		NT AUTHORITY\SYSTEM	9/14/2022
DESKTOP-PJ689UV		DESKTOP-PJ689UV	Security Update		KB5005699		NT AUTHORITY\SYSTEM	9/16/2021

實務上本項資安檢測項目以系統無待更新項目截圖即可完成。

6.3 已經停止支援之作業系統或軟體

對於已經停止支援的作業系統或軟體，我們就需要移除該軟體，操作方式
如下：

STEP 1 ＞ 如圖 6-7 按視窗鍵後選設定所示首先從左下角視窗圖示（編號 1）點
選滑鼠左鍵，再點選「設定」（編號 2）。

圖 6-7　按視窗鍵後選設定

STEP 2 ＞ 如圖 6-8 所示，選「應用程式」（編號 1）。

圖 6-8　應用程式

STEP 3 如圖 6-9 所示，在已安裝之應用程式上（編號 1）點一下，就可以選擇「解除安裝」（編號 2）。

圖 6-9　移除程式範例

學會移除安裝程式後，我們來練習匯出所有應用程式的清單：

STEP 1 參考 1.2.3 小節，下載並解壓縮 uninstallview-x64，然後如圖 6-10 所示，左邊檢視區依序點選「下載」（編號 1）、「資安健診」（編號 2）、「uninstallview-x64」（編號 3）用滑鼠左鍵點二下詳細資料區的「UninstallView.exe」（編號 4）以執行該程式。

圖 6-10　執行程式

STEP 2　如圖 6-11 所示，選「View」（編號 1）\「Html Report-All Items」
（編號 2）。

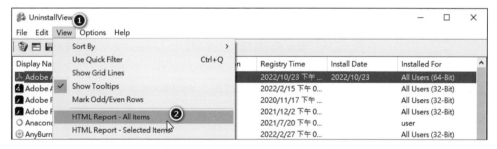

圖 6-11　匯出安裝程式清單（一）

STEP 3　如圖 6-12 所示，匯出的 html 檔案（編號 1、2 的位置），注意該 html
檔案位置在 C:/Users/user/Downloads/ 資安健診 /uninstallview-x64/
report.html，剪下貼上到資安健診 / 各章範例 / 第六章。

Display Name ❶	Registry Name ❷
Adobe Acrobat (64-bit)	{AC76BA86-1028-1033-7760-BC15014EA700}
Adobe AIR	Adobe AIR
Adobe Flash Player 33 PPAPI	Adobe Flash Player PPAPI
Adobe Flash Player 34 ActiveX	Adobe Flash Player ActiveX
Anaconda3 2021.05 (Python 3.8.8 64-bit)	Anaconda3 2021.05 (Python 3.8.8 64-bit)
AnyBurn	AnyBurn

圖 **6-12** 匯出安裝程式清單（二）

STEP 4 如圖 6-13 所示，用 Word 打開該檔案，如圖 6-13 所示，開啟 Word 後，用「開啟舊檔」功能，左方檢視區點選資安健診 / 各章範例 / 第 六章（編號 1、2 的位置），右方詳細資料區點選「report.html」（編號 3），然後檢查檔案名稱（編號 4），按下「開啟」（編號 5）。

圖 **6-13** 匯出安裝程式清單（三）

STEP 5 如圖 6-14 所示，在 Word 中選「檢視」（編號 1）＼「整頁模式」
（編號 2）。

圖 6-14　匯出安裝程式清單（四）

STEP 6 將表格複製貼到 Excel 整理，然後逐一用 Google 查詢是否已停止更
新，完成後如表格 31 所示。

表格 31　使用者電腦安裝程式清單（節錄）

程式名稱 Display Name	版本 Display Version	安裝日期 Install Date	備註
Adobe Acrobat DC（64-bit）	22.002.20212	2022/9/10	■未停止更新 □已停止更新
Adobe AIR	33.1.1.743		■未停止更新 □已停止更新
Adobe Flash Player 33 PPAPI	33.0.0.417		■未停止更新 □已停止更新
Adobe Flash Player 34 ActiveX	34.0.0.201		■未停止更新 □已停止更新
Anaconda3 2021.05（Python 3.8.8 64-bit）	2021.05		■未停止更新 □已停止更新
AnyBurn	5.3		■未停止更新 □已停止更新
Asian Language And Spelling Dictionaries Support For Adobe Acrobat Reader	22.001.20085	2022/4/25	■未停止更新 □已停止更新

程式名稱 Display Name	版本 Display Version	安裝日期 Install Date	備註
ASUS Share Link	1.0.27.0911	2021/10/17	■未停止更新 □已停止更新
Azure Data Studio	1.31.1	2021/8/14	■未停止更新 □已停止更新
Bandicam	4.5.8.1673		■未停止更新 □已停止更新
Bandicam MPEG-1 Decoder			■未停止更新 □已停止更新
Bandicut	3.6.7.691		■未停止更新 □已停止更新
Bitwar 6.77	6.77		■未停止更新 □已停止更新
Browser for SQL Server 2019	15.0.2000.5	2022/6/15	■未停止更新 □已停止更新
Cisco EAP-FAST Module	2.2.14	2021/11/19	■未停止更新 □已停止更新
Cisco LEAP Module	1.0.19	2021/11/19	■未停止更新 □已停止更新
Cisco PEAP Module	1.1.6	2021/11/19	■未停止更新 □已停止更新
CyberLink Power2Go 8	8.0.0.8818	2020/5/12	■未停止更新 □已停止更新

填表人：   審批：   日期：

 Tips

表格 31 的備註欄，逐一清查是否已停止更新，對於使用者而言是了解自己電腦中運行程式的基本功。建議還是讓使用者練習自行查詢。而到了資訊人員彙總的階段，則建議製作成資料庫，用來比對以了解所安裝程式是否為最新版本並鼓勵使用者進行版本升級。新心資安也會推出資料庫，並推廣標準安裝，網址為：https://newmindsec.blogspot.com/p/windows_28.html

Note

CHAPTER 07

加密勒索攻擊
防範概要

依據資通安全責任等級分級辦法規定，為增進資安意識，一般使用者及主管每人每年需取得 3 小時以上資訊安全教育訓練時數。（B 級機關）本章即揭露資訊安全教育訓練的一個環節——攻擊防範。

7.1 社交工程攻擊——電子郵件過濾條件

現在 Windows 環境下，使用者使用 Gmail 很普遍，無論是自行申請的信箱或者公司使用的 Gmail 信箱（自訂網域），都可以設定郵件規則，也可以匯入系統管理員已經訂定好的規則。如此有什麼好處呢？從系統管理員的角度來看，電子郵件的「寄件者（含網域）」、「主旨」是最有可能出問題的，而駭客通常會針對我們的公司，發送刺探性的郵件，用來取得公司內部某使用者的帳號密碼，此時通常是群發，也就是不只有一個人會收到，所以每週約二次更新電子郵件的過濾條件，可以防範於未然。

設定方式如下：

STEP 1 登入 Google email 後，如圖 7-1 所示，在右上角點「設定」（編號 1）\「查看所有設定」（編號 2）。

圖 7-1　查看所有設定

STEP 2 如圖 7-2 所示，選擇「篩選器和封鎖的地址」（編號 1）點選「建立
新篩選器」（可以用以建立郵件規則）（編號 2）。

| 一般設定 | 標籤 | 收件匣 | 帳戶和匯入 | 篩選器和封鎖的地址 | 轉寄和 POP/IMAP | 外掛程式 | 即時通訊和 Meet | 進階 | 離線設定 | 背景主題 |

圖 7-2 篩選器和封鎖的地址

STEP 3 如圖 7-3 所示在這個視窗中，寄件人、收件人、主旨、（內文）包含
字詞、（內文）不包含字詞、信件（含附件）大小、有無附件都可以做
為條件，例如寄件人輸入「u09850019@gmail.com」（編號 1；編號 2
主旨處保持空白），包含字詞輸入「https」（編號 3），再按「建立篩選
器」（編號 4）（如此設定，則該寄件者所寄的信件中，只要有包含不安
全的網址，即可被篩出。）

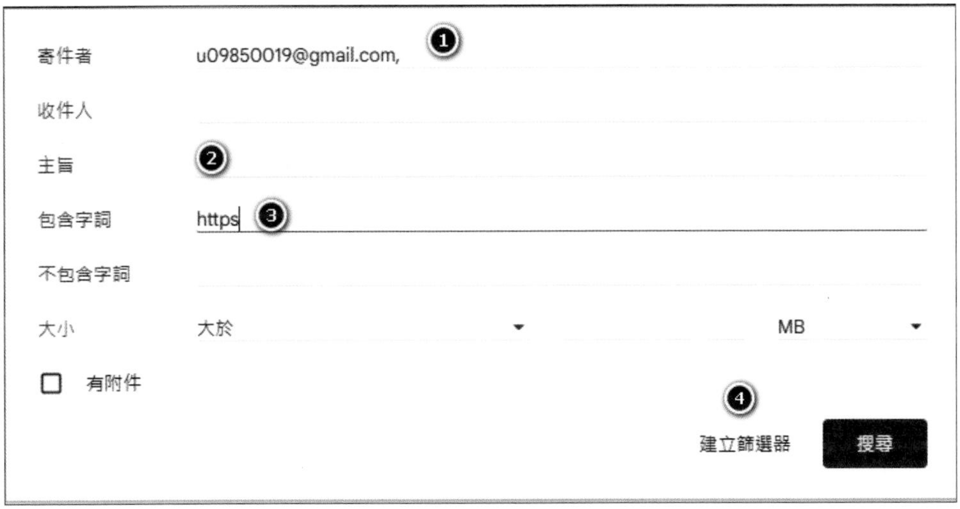

圖 7-3 建立篩選條件

STEP 4 〉 如圖 7-4 所示，接著是符合條件信件的處理方式，可以做的動作
很多，像是封存、刪除、移到特定資料夾等等。我們練習選「刪除
它」（編號 1），然後按下「建立篩選器」（編號 2），之後如果收到從
u09850019@gmail.com 寄來的信且信件內容有「https」（網址），就
會自動刪除。

← 當郵件完全符合搜尋條件時：

☐ 略過收件匣 (將其封存)

☐ 標示為已讀取

☐ 標上星號

☐ 套用標籤： 選擇標籤... ▼

☐ 轉寄郵件 新增轉寄地址

☑ 刪除它 ❶

☐ 永不移至垃圾郵件

☐ 傳送範本： 沒有任何範本 ▼

☐ 永遠將其標示為重要

☐ 永不標示為重要

☐ 分類為： 選擇類別... ▼

☐ 將篩選器同時套用到 0 個相符的會話群組。

❷

❓ 瞭解詳情 　　　　　　　　　　　　　　　　　建立篩選器

圖 7-4　建立篩選器

STEP 5 〉 如圖 7-5 所示，接著選取該郵件規則（也可以選擇多個郵件規則，或
其中幾個郵件規則），（編號 1、2 的位置）按「匯出」（編號 3）。

圖 7-5　匯出篩選器（一）

STEP 6 如圖 7-6 所示，檔案自動下載，存檔為 mailFilters.xml，放在 C:\Users\ user\Downloads 資料夾。

	名稱	修改日期	類型	大小
快速存取	∨ 今天 (1)			
OneDrive - Personal	📄 mailFilters.xml	2022/10/28 下午 06:04	XML Document	2 KB
本機	∨ 昨天 (1)			
3D 物件	📁 olddata	2022/10/27 下午 02:02	檔案資料夾	
下載	∨ 這個月初 (3)			
文件	📁 資安健診	2022/10/15 下午 09:10	檔案資料夾	
音樂	📁 zip	2022/10/14 下午 07:14	檔案資料夾	
桌面	📁 FSCapture97	2022/10/14 下午 03:37	檔案資料夾	
圖片				

圖 7-6　匯出篩選器（二）

STEP 7 網管人員在自己的電腦上面做好篩選器之後，即可以用 email 寄給所有公司同仁進行更新。例如釣魚網址 https://7639735.com/index/ login，則網管人員就可以將該網址的 email（@7639735.com）列為須刪除的郵件。

以下是幾個已知釣魚網址，請練習相關的（網管）郵件規則建立與（網管）匯出、（使用者）匯入。

表格 32　釣魚網址（節錄）

https://7639735.com/index/login
https://themonkeybar.com.au/wp1/Hinet.Html
https://wwwpfcint.wixsite.com/webmailhinetnet
http://xtsgov.com/
http://nua.fxtgov.com/

　Tips

釣魚網址通常是放在信件的內容。讀者請練習篩選器的建立、匯出、匯入，如此即可以強化電子郵件的安全。另外，mailFilters.xml，讀者可以移到資安健診 \ 各章範例 \ 第七章中存放，也要注意給使用者時可以用日期標明檔名，例如 mailFilters20221028.xml。

7.2 社交工程攻擊——水坑攻擊

水坑攻擊[1]（英語：Watering hole）是一種電腦入侵手法，其針對的目標多為特定的團體（組織、行業、地區等）。攻擊者首先通過猜測（或觀察）確定這組目標經常訪問的網站，並入侵其中一個或多個，植入惡意軟體，最後，達到感染該組目標中部分成員的目的。由於此種攻擊藉助了目標團體所

---

[1]　https://zh.wikipedia.org/zh-hk/%E6%B0%B4%E5%9D%91%E6%94%BB%E5%87%BB

信任的網站，攻擊成功率很高。相關報導可以參見：https://www.mygopen.com/2017/11/google-iphone.html

水坑攻擊的防範，主要靠的是「警覺性」，看到未知的網頁或手機內容，要保持「零信任」，即假設所有的訊息都是不可信的，逐一查證。當然對於辦公室使用者而言，會側重上網的便利性；如果有看到可疑的網頁，應第一時間向網管人員通報。零信任概念請參見：https://www.trendmicro.com/zh_tw/what-is/what-is-zero-trust/zero-trust-architecture.html

● 7.3 社交工程攻擊──魚叉攻擊

魚叉式網路釣魚[2]（Spear phishing）指一種源於亞洲與東歐，只針對特定目標進行攻擊的網路釣魚攻擊。當進行攻擊的駭客鎖定目標後，會以電子郵件的方式，假冒該公司或組織的名義寄發難以辨真偽之檔案，誘使員工進一步登錄其帳號密碼，使攻擊者可以以此藉機安裝特洛伊木馬或其他間諜軟體，竊取機密；或於員工時常瀏覽之網頁中置入病毒自動下載器，並持續更新受感染系統內之變種病毒，使使用者窮於應付。

由於魚叉式網路釣魚鎖定之對象並非一般個人，而是特定公司、組織之成員，故受竊之資訊已非一般網路釣魚所竊取之個人資料，而是其他高度敏感性資料，如智慧財產權及商業機密。

2　https://zh.wikipedia.org/wiki/%E9%AD%9A%E5%8F%89%E5%BC%8F%E7%B6%B2%E8%B7%AF%E9%87%A3%E9%AD%9A

MD5 checksum

要防範魚叉式網路釣魚，就要使用雜湊函數（如 MD5,SHA-256），比較目標網站上公布的雜湊值和函數計算出來的雜湊值來驗證檔案未被篡改。

STEP 1 如圖 7-7 所示，在左下角方塊處輸入 cmd（編號 1），然後選「以系統管理員身份執行」（編號 2）。

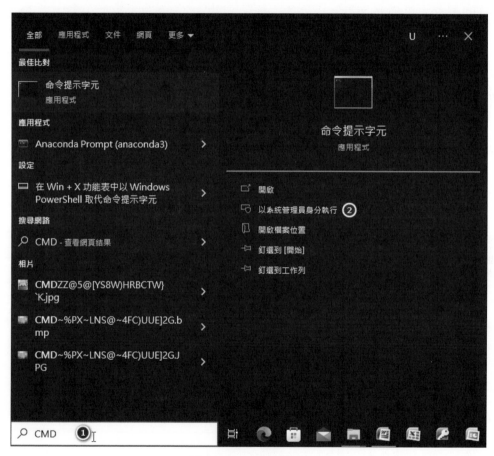

圖 7-7 命令提示字元

STEP 2 在命令列提示字元輸入指令：

```
1.  cd C:\Users\user\Downloads\資安健診\各章範例\第七章
2.  certutil -hashfile mailFilters.xml MD5
```

Microsoft Windows [版本 10.0.19045.2130]

(c) Microsoft Corporation. 著作權所有，並保留一切權利。

C:\WINDOWS\system32>cd C:\Users\user\Downloads\ 資安健診 \ 各章範例 \ 第七章

#CD 是切換目錄的指令，我們前面練習將郵件篩選器另存到第七章的資料夾，故此處要用 CD 指令

C:\Users\user\Downloads\ 資安健診 \ 各章範例 \ 第七章 >certutil -hashfile mailFilters.xml MD5

MD5 的 mailFilters.xml 雜湊：

671160a241e8cc02085e47f836671912

CertUtil: -hashfile 命令成功完成。

C:\Users\user\Downloads\ 資安健診 \ 各章範例 \ 第七章 >

STEP 3 系統會自動計算雜湊 671160a241e8cc02085e47f836671912，讀者可以用書附範例中的 mailFilters.xml 計算看看是否吻合。

 Tips

為何要計算雜湊呢？因為只要有一點變動，就不是原來的檔案，雜湊值就會差異很大。如此可以確保檔案沒有被駭客修改。另外注意除 MD5，也可以用 SHA256 和其他知名雜湊函數。可使用的雜湊演算法有 MD2 MD4 MD5 SHA1 SHA256 SHA384 SHA512。

● 7.4 電腦或主機漏洞攻擊── ZeroDay Attack

漏洞出現後不可能馬上修復，所以從漏洞發現（Discovery）到廠商修復（Patch）這段時間就叫 Zero-Day Exploits（零日漏洞），駭客可以利用尚未修補的漏洞進行攻擊。而防守方（企業）則是要靠資通安全事件通報單來防禦。而資通安全事件通報單由使用者填寫交由資訊部門主管覆核並處理後，除了寄送電子郵件給公司內部人員參考，也可以分享給公司外部人士（例如：同業公會、工會、供應鏈廠商）共同防禦。

表格 33　資通安全事件通報 / 處理紀錄單

表單編號：			
事件描述：			
資安事件等級	**處理流程**		
□ 0 級事件 （屬於普通資安事件）	通報完後 即可結案	承辦人員	結案日期：＿＿ /＿＿ /＿＿
		主管 確認結案	結案日期：＿＿ /＿＿ /＿＿
□ 1 級事件 □ 2 級事件 （屬於一般資安事故）	由承辦單位進行 原因分析與矯正預防措施		
□ 3 級事件 □ 4 級事件 （屬於重大資安事故）	進入緊急應變措施		
原因分析：			
□矯正措施： 完成日期：＿＿ /＿＿ /＿＿			

承辦人員		主管 確認結案	結案日期：___ /___ /___
□預防措施： 預計完成日期：___ /___ /___			
承辦人員		主管 確認結案	結案日期：___ /___ /___

填表人：　　　　　　審批：　　　　　　日期：

● **7.5　後台帳號密碼攻擊（常見的案例是脆弱密碼或是密碼外洩）**

　　如同 7.3 節所示，現在網路管理員儲存網站使用者的密碼，通常會用雜湊函數處理過，以避免明碼的密碼外洩。但駭客也會有自己的填字遊戲，就是彩虹表。從字典中大量列舉明文，然後用雜湊函數處理，得到雜湊值，再與收集到的雜湊密碼相比較，以反向回推密碼。這樣容易被猜出的就是脆弱密碼。

　　至於密碼外洩，則是擔心使用者在不同的網站中都用同一組帳號密碼，只要其中一個網站外洩，駭客就有機會到不同的網站來進行攻擊。

　　所以建議使用線上高強度密碼產生器，網址如下：

https://www.ez2o.com/App/Coder/RandomPassword

STEP 1　如圖 7-8 所示，依序設定「產生密碼長度」（編號 1）、「產生密碼組數」（編號 2）、「產生密碼類型」（編號 3），按下「產生」（編號 4）。

產生密碼長度：	8位數 ❶	⌄
產生密碼組數：	5組 ❷	⌄
產生密碼類型：	大寫字母+小寫字母+數字 ❸	⌄
	產生 ➜ ❹	

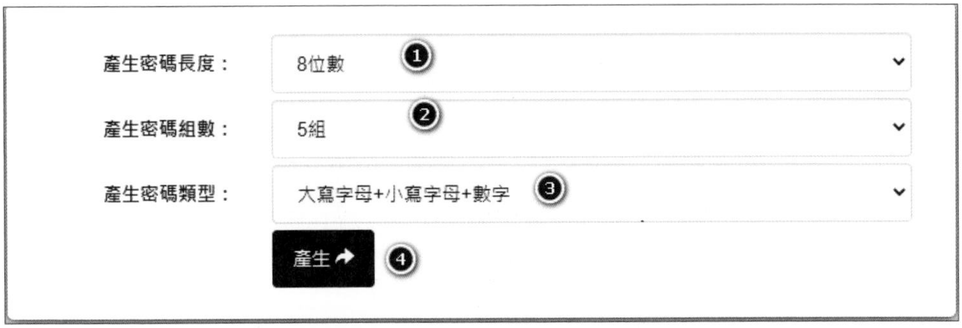

圖 7-8　線上密碼產生器（一）

STEP 2 如圖 7-9 所示，系統會自動產生密碼，存下備用。

產生的隨機密碼

fFXbnWB8

73qkcQK2

3YnefBrD

rd4fZkuN

VPXBCNaR

圖 7-9　線上密碼產生器（二）

CHAPTER

08

政府組態基準
（GCB）檢視

政府組態基準（Government Configuration Baseline，簡稱 GCB）目的在於規範資通訊設備（如個人電腦、伺服器主機及網通設備等）的一致性安全設定（如密碼長度、更新期限等），以降低成為駭客入侵管道，進而引發資安事件之風險。GCB 專區提供 GCB 說明文件、相關資源及常見問答，協助各機關進行導入規劃與實作。GCB 是安全作業實作的寶庫，很值得同仁和網管多嘗試設定。

📝 **Tips**

本章各節所需文件下載網址如下 https://www.nccst.nat.gov.tw/GCB

● 8.1 作業系統 – 使用者電腦組態設定檢視

政府組態基準 Microsoft Windows 10——TWGCB-01-005 組態基準項目，共有 381 項，我們抽選三項來做說明。

8.1.1 帳戶設定 – 密碼最長使用期限

設定方法電腦設定 \Windows 設定 \ 安全性設定 \ 帳戶原則 \ 密碼原則 \ 密碼最長使用期限——設定值 90 天以下（但要大於零）。

STEP 1 〉 如圖 8-1 所示，在左下角方塊輸入「本機安全性原則」。

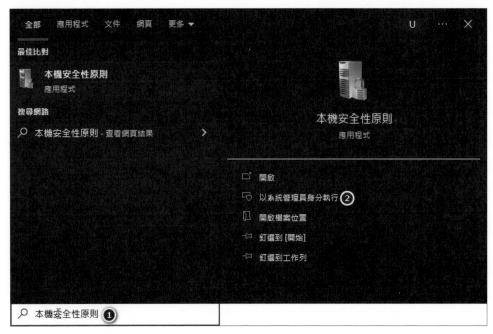

圖 8-1　本機安全性原則

STEP 2 　如圖 8-2 所示，左上角選「帳戶原則」／「密碼原則」（編號 1），右
　　　　方點選密碼最長使用期限（編號 2）。

圖 8-2　密碼原則設定（一）

STEP 3 如圖 8-3 所示，密碼到期日輸入「90」天（編號 1）然後按下「確定」（編號 2）。

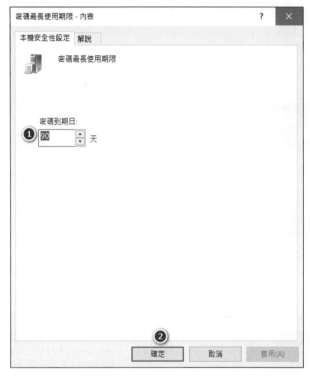

圖 8-3 密碼原則設定（二）

STEP 4 如圖 8-4 所示，設定完成（編號 1）。

圖 8-4 密碼設定完成

8.1.2 電腦設定──停用不安全的來賓登入

設定方法：電腦設定\系統管理範本\網路\Lanman 工作站\啟用不安全的來賓登入；設定值：停用。

STEP 1 如圖 8-5 所示，在左下角搜尋方塊輸入 gpedit.msc（編號 1），然後點選「以系統管理員身份執行」（編號 2）。

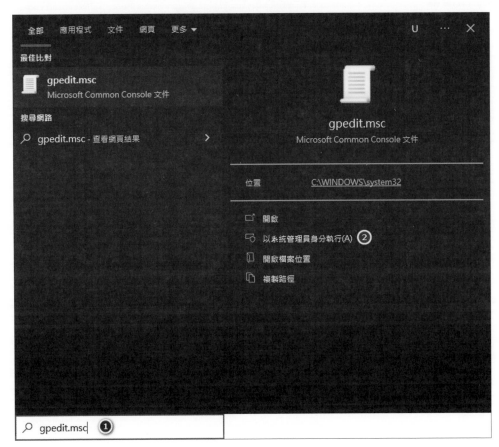

圖 8-5　gpedit.msc 設定

STEP 2 如圖 8-6 所示，選「電腦設定」（編號 1）\「系統管理範本」（編號
2）\「網路」（編號 3）\「Lanman 工作站」（編號 4），右方用滑鼠左
鍵快點二下「啟用不安全的來賓登入」（編號 5）。

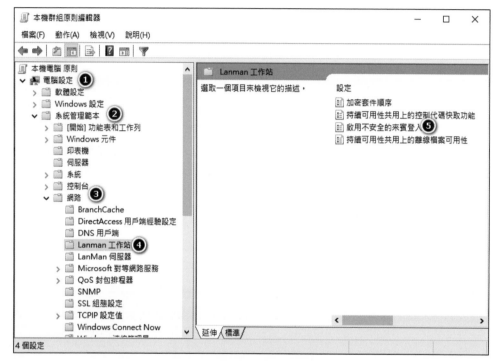

圖 8-6　停用不安全的來賓登入

STEP 3 > 如圖 8-7 所示，選「已停用」（編號 1），按「確定」（編號 2）。

圖 8-7　已停用

8.1.3　使用者設定──開啟附件時通知防毒程式

使用者設定 \ 系統管理範本 \ Windows 元件 \ 附件管理員 \ 開啟附件時通知防毒程式；設定值：啟用。

STEP 1　如圖 8-8 所示，在左下角搜尋方塊輸入 gpedit.msc（編號 1），然後點
選「以系統管理員身份執行」（編號 2）。

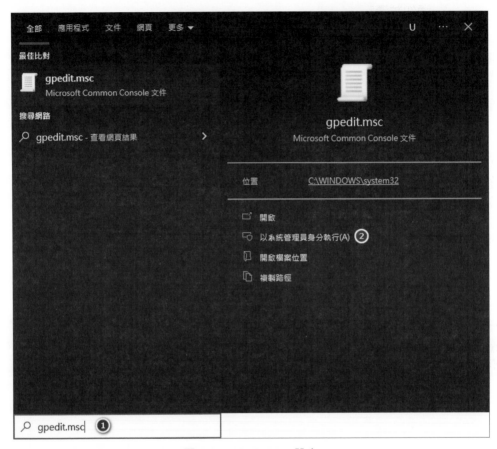

圖 8-8　gpedit.msc 設定

STEP 2 如圖 8-9 所示，使用者設定（編號 1）\ 系統管理範本（編號 2）\
Window 元件（編號 3）\ 附件管理員（編號 4），點選「開啟附件時
通知防毒程式」（編號 5）。

圖 8-9　開啟附件時通知防毒程式

STEP 3 如圖 8-10 所示，點選「已啟用」（編號 1），按「確定」（編號 2）。

圖 8-10　完成設定

STEP 4 設定完成。

設定	狀態	註解
開啟附件時通知防毒程式	已啟用 ①	否
檔案附件的信任邏輯	尚未設定	否
不要保留檔案附件的區域資訊	尚未設定	否
隱藏移除區域資訊的機制	尚未設定	否
檔案附件的預設風險層級	尚未設定	否
高度風險檔案類型的包含清單	尚未設定	否
低度風險檔案類型的包含清單	尚未設定	否
中度風險檔案類型的包含清單	尚未設定	否

圖 8-11　完成設定

● 8.2 作業系統 _ 伺服器組態設定檢視

Tips

本節針對伺服器的設定，係以 CentOS（同 RedHat）為範例，適用於網管人員，一般辦公室使用者可忽略。

8.2.1 作業系統 _ 伺服器組態設定 _GPG 簽章驗證

gpgcheck 決定在安裝套件前，是否先進行 RPM 套件簽章檢查，可用以確保欲安裝之 RPM 套件來自可信賴來源，避免安裝已被竄改之檔案，操作步驟如下：

STEP 1 輸入 sudo vim /etc/yum.conf 指令。

```
1.  sudo vim /etc/yum.conf
```

STEP 2 在「main」段落新增或修改成以下內容：gpgcheck=1。

```
[main]
gpgcheck=1
installonly_limit=3
clean_requirements_on_remove=True
best=True
skip_if_unavailable=False
```

STEP 3 輸入：wq!，強制儲存並離開，即設定完成。

```
1.  :wq!
```

```
:wq!
```

8.2.2 作業系統 _ 伺服器組態設定 _ FTP 伺服器

FTP（File Transfer Protocol，檔案傳輸協定）可透過網路連接在兩台電腦之間傳輸檔案，因使用明文傳輸方式，故有資料洩露風險。

STEP 1 〉 輸入 sudo systemctl --now disable vsftpd。

```
1. sudo systemctl --now disable vsftpd
```

STEP 2 〉 因為主機沒有裝 FTP，所以顯示無法停止服務，但無妨。

```
[neo@localhost ~]$ sudo systemctl --now disable vsftpd
Failed to disable unit: Unit file vsftpd.service does not exist.
[neo@localhost ~]$
```

8.2.3 作業系統 _ 伺服器組態設定 _ 更新套件後移除舊版本元件

安裝更新後，若未從系統中移除舊版本元件，可能遭攻擊者利用舊版本元件漏洞進行攻擊。

STEP 1 〉 輸入 sudo vim /etc/yum.conf。

```
1. sudo vim /etc/yum.conf
```

STEP 2 〉 修改設定值 clean_requirements_on_remove=True，然後按 wq! 強制存檔離開。

```
[main]
gpgcheck=1
installonly_limit=3
clean_requirements_on_remove=True
```

```
best=True
skip_if_unavailable=False
```

```
1.  :wq!
```

```
:wq!
```

Note

CHAPTER

09

資料庫安全檢視

資料庫安全檢視標的，以機關具所有權或管理權之資料庫為主。以強化資料庫安全防護角度，依據機關內部之資安管理機制（包含文件程序及紀錄等），檢視其適法性、防護強度及落實情形，並提供專業建議。

資料庫安全檢視包含 7 大檢視類別、30 項檢視項目，以訪談與實機檢視方式，確認資料庫防護狀況，詳見下表[1]：

檢視類別	說明	檢視要求
1 特權帳號 管理	變更資料庫預設管理帳號	• 訪談資料庫帳號權限管理機制 • 實機檢視資料庫帳號權限列表，確認預設管理帳號已變更
	啟用帳號鎖定次數	• 訪談資料庫角色與權限劃分機制、帳號管理及密碼設定規範 • 實機檢視資料庫特權帳號鎖定次數，確認符合機關規定
	啟用帳號鎖定時間	• 訪談資料庫角色與權限劃分機制、帳號管理及密碼設定規範 • 實機檢視資料庫特權帳號鎖定時間，確認符合機關規定
	啟用密碼複雜度原則	• 訪談資料庫角色與權限劃分機制、帳號管理及密碼設定規範 • 實機檢視資料庫特權帳號密碼複雜度（英數字、大小寫、特殊符號）設定規則，確認符合機關規定
	啟用密碼長度原則	• 實機檢視資料庫特權帳號密碼設定長度，確認符合機關規定
	啟用密碼最長有效期限原則	• 實機檢視資料庫特權帳號密碼有效期限設定天數，確認符合機關規定
	限制管理者帳號透過遠端存取	• 訪談資料庫管理者遠端連線機制；檢視資料庫遠端連線設定、連線授權紀錄，避免資料庫管理者從非管理網段進行管理作業

1　參考自 https://www.spo.org.tw/office_new3/images/spo_files/project/1100205/1100205__safety_regu.pdf

檢視類別	說明	檢視要求
2 資料加密	資料庫資料具有適當保護機制（包含加密、不可識別處理）	• 訪談資料庫資料保護機制（如加密方式、保護資料範圍、不可識別處理之方式等） • 實機檢視資料庫資料之加密設定、加密結果、不可識別處理之結果
	資料庫資料具有安全傳輸機制	• 訪談資料庫傳輸保護機制 • 實機檢視資料庫資料傳輸加密方式與設定狀況，避免採用不安全的資料傳輸方式
	資料庫加密金鑰具有適當保護機制	• 訪談資料庫加密金鑰管理機制（如使用狀況、保管情形等） • 檢視資料庫金鑰存取相關申請、審核紀錄及金鑰管理方式，避免遭非授權人員存取
3 存取授權	限制資料庫主機服務埠	• 訪談資料庫主機連線對象、連線目的及使用之服務埠實機檢視資料庫主機僅開啟允許之服務埠
	限制遠端存取來源	• 訪談資料庫遠端存取控管機制檢視資料庫遠端存取來源、連線授權紀錄，避免遭非授權來源 IP 進行連線
	限制遠端存取帳號	• 檢視資料庫遠端存取帳號與授權紀錄，避免遭非授權帳號進行遠端存取
	限制遠端存取操作	• 檢視資料庫遠端存取權限與授權紀錄，避免執行非授權之操作行為
	資料庫帳號權限最小原則	• 訪談資料庫身分識別、存取管理及權限劃分機制檢視資料庫權限相關申請、審核紀錄，並實機檢視；資料庫帳號權限遵循最小化原則
4 稽核紀錄	啟用資料庫帳號變更稽核	• 訪談資料庫稽核紀錄留存項目、保存期間及管理機制 • 實機檢視資料庫帳號異動稽核紀錄設定結果、留存內容及管理方式
	啟用資料庫帳號登出 / 登入稽核	• 實機檢視資料庫帳號登入 / 登出稽核紀錄設定結果、留存內容及管理方式
	啟用資料庫結構變更稽核	• 實機檢視資料庫結構異動稽核紀錄設定結果、留存內容及管理方式
	稽核紀錄管理方式	• 檢視資料庫稽核紀錄之存取控制與保存紀錄

檢視類別	說明	檢視要求
	資料庫主機時間校時	• 訪談資料庫主機校時管理機制 • 實機檢視資料庫主機校時方式、來源及時間正確性
	稽核紀錄分析	• 訪談資料庫稽核紀錄分析機制及異常紀錄處理方式 • 實際檢視資料庫稽核紀錄分析規則設定、分析紀錄或報告，以及針對異常事件處理方式
5 委外管理	委外廠商外部連線方式	• 訪談資料庫委外廠商連線存取控管機制 • 檢視資料庫委外廠商外部連線方式設定、授權紀錄及相關防護機制
	委外廠商資料存取方式	• 檢視資料庫委外廠商資料存取方式、授權紀錄及相關防護機制
	委外廠商帳號授權方式	• 訪談資料庫委外廠商帳號權限管理機制 • 檢視資料庫委外廠商帳號權限設定、授權紀錄，確認帳號權限之適當性
6 備份保護	資料庫定期執行備份	• 訪談資料庫備份管理機制 • 檢視資料庫備份方式（如備份時間、週期及方式等）與備份結果
	資料庫備份具有適當保護機制	• 訪談資料庫備份檔案之保護機制 • 檢視資料庫備份之存取控制與保護方式（包含異地儲存、內容加密、不可識別之處理等）
	資料庫備份回復測試	• 訪談資料庫備份回復測試執行方式 • 檢視資料庫備份回復測試演練執行結果與紀錄，確認演練之有效性
7 弱點管理	資料庫主機定期弱點檢測	• 訪談資料庫主機弱點檢測執行方式與頻率 • 檢視資料庫主機弱點檢測紀錄
	資料庫主機弱點修補	• 訪談資料庫主機弱點修補與追蹤機制 • 檢視資料庫主機弱點修補紀錄、相關審核紀錄及複測報告
	修補資料庫主機安全性更新項目	• 訪談資料庫與主機作業系統之安全性更新執行方式及頻率 • 實機檢視資料庫與主機作業系統之安全性更新歷程紀錄，確認是否已落實執行更新機制

● 9.1 資料庫安全檢視 _ 資料庫主機弱點檢測紀錄表

　　資料庫主機也是由作業系統（Windows、Mac、Linux、Solaris、BSD、Cisco iOS、IBM iSeries）和資料庫（Oracle、SQL Server、MySQL、DB2、Informix/DRDA、PostgreSQL）所組成。和網站主機的差異在於把資料庫實作在獨立的主機上，如此可以避免網站的高流量造成資料庫主機的延遲。

　　作者建議可採用 NESSUS 這套常用的弱點掃描軟體 [2]，並且根據資料顯示，高中低風險的漏洞都應該要切實修補，避免被利用。弱點掃描後的結果可以謄到下面這個表格：

　　弱點掃描記錄如何看呢？前二個欄位是主機的基本資料，漏洞名稱則是漏洞的編號，看內容欄位，通常會提到軟體的版本（例如 Apache InLong prior to 1.3.0 代表該軟體目前在資料庫主機中的版本不夠新），所以需要升級。

2　讀者如需要下載弱點掃描軟體，可參考下列連結：https://www.tenable.com/downloads/nessus?loginAttempted=true

表格 34　資料庫主機弱點檢測紀錄表

主機類別 （個人電腦 或伺服器）	主機 IP	漏洞名稱	內容
伺服器	140.120. 49.174	CVE- 2022- 40955	In versions of Apache InLong prior to 1.3.0, an attacker with sufficient privileges to specify MySQL JDBC connection URL parameters and to write arbitrary data to the MySQL database, could cause this data to be deserialized by Apache InLong, potentially leading to Remote Code Execution on the Apache InLong server. Users are advised to upgrade to Apache InLong 1.3.0 or newer.
伺服器	140.120. 49.174	CVE- 2022- 39219	Bifrost is a middleware package which can synchronize MySQL/MariaDB binlog data to other types of databases. Versions 1.8.6-release and prior are vulnerable to authentication bypass when using HTTP basic authentication. This may allow group members who only have read permissions to write requests when they are normally forbidden from doing so. Version 1.8.7-release contains a patch. There are currently no known workarounds.
伺服器	140.120. 49.174	CVE- 2022- 39135	In Apache Calcite prior to version 1.32.0 the SQL operators EXISTS_NODE, EXTRACT_XML, XML_TRANSFORM and EXTRACT_VALUE do not restrict XML External Entity references in their configuration, which makes them vulnerable to a potential XML External Entity（XXE）attack. Therefore any client exposing these operators, typically by using Oracle dialect（the first three）or MySQL dialect（the last one）, is affected by this vulnerability（the extent of it will depend on the user under which the application is running）. From Apache Calcite 1.32.0 onwards, Document Type Declarations and XML External Entity resolution are disabled on the impacted operators.

填表人：　　　　　　　　審批：　　　　　　　　日期：

9.2 資料庫安全檢視 _ 資料庫主機弱點修補紀錄表

　　弱點（漏洞）通常會分成三個等級（高、中、低風險），然而有時候雖然弱點掃描已經知道資料庫主機存在某項弱點，但配合廠商尚未釋出修補程式，此時就必須要搭配某些控制措施來緩解弱點的影響。例如防火牆或入侵偵測系統的協助。

　　在內部上呈的簽呈中，下表可以很一目瞭然的顯示漏洞的等級和修補結果，未修補的漏洞在簽呈中再詳述解決方法。如果情況允許，高、中、低等級的漏洞均應該修補，以避免遭到誤用。

表格 35　資料庫主機弱點修補紀錄表

主機 IP	漏洞等級	漏洞名稱	修補
140.120.49.174	■高 □中 □低	CVE-2022-40955	■已修補 □未修補
140.120.49.174	□高 ■中 □低	CVE-2022-39219	□已修補 ■未修補
140.120.49.174	□高 □中 ■低	CVE-2022-39135	□已修補 ■未修補

填表人：　　　　　　　　審批：　　　　　　　　日期：

● 9.3 資料庫安全檢視 _ 安全性更新歷程記錄表

　　資料庫主機的漏洞修補，如同前面介紹的，大多是在做軟體更新（少數時候是做設定更新），所以還要維護安全性更新歷程紀錄表，定期將資料庫主機所使用之軟體的最新版本與現行版本做比較。在生產環境使用的資料庫軟體，大多是使用已經穩定的版本，所以不一定是最新的版本。有時用 XAMPP 等打包好的軟體，也需要等官方網站更新。這張紀錄表也是跟著漏洞修補的簽呈，呈給單位資安主管核示。

表格 36　安全性更新歷程記錄表

主機類別（個人電腦或伺服器）	主機 IP	更新軟體	最新版本	現行版本
伺服器	140.120.49.174	PHPMYADMIN	5.2.0	5.2.0
伺服器	140.120.49.174	PHP	8.1.11	8.1.10
伺服器	140.120.49.174	MariaDB	10.11.0	10.4.24

　　填表人：　　　　　　　審批：　　　　　　　日期：

本書所用表格

● A.1 資訊資產盤點用：電腦設備配置清單

電腦設備配置清單

設備名稱	位置	IP	保管人

填表人： 審批： 日期：

● **A.2 資訊資產盤點用：電腦安裝程式清單**

電腦安裝程式清單

Node	Description	InstallLocation	Name	Vendor	Version

填表人：　　　　　　　　審批：　　　　　　　　日期：

● A.3 資訊資產盤點用：電腦執行程式清單

電腦執行程式清單

映像名稱	PID	工作階段名稱	工作階段 #	RAM使用量	狀態	使用者名稱	CPU時間	視窗標題

填表人：　　　　　　　　審批：　　　　　　　日期：

● A.4 資訊資產盤點用：個人資料備份清單

個人資料備份清單

序號	備份內容	備份頻率	備份方式	復原點目標
1				
2				
3				
4				
5				
6				
7				
8				
9				
10				
11				
12				
13				
14				
15				
16				
17				
18				

填表人：　　　　　　　審批：　　　　　　　日期：

● A.5 資訊資產盤點用：個人資料還原清單

個人資料還原清單

序號	備份內容	還原測試頻率	備份媒體	備註
1				
2				
3				
4				
5				
6				
7				
8				
9				

填表人：　　　　　　　　審批：　　　　　　　　日期：

● A.6 資訊資產盤點用：個人電腦還原點現況統計表

個人電腦還原點現況統計表

還原點日期時間	還原點名稱	備註

填表人：　　　　　審批：　　　　　日期：

● A.7 存取控制用：本機開放輸入連線一覽表

本機開放輸入連線一覽表

程式名稱	程式位置	設定檔	TCP/UDP	通訊埠	允許（封鎖）	事先申請
						☐
						☐
						☐
						☐
						☐
						☐
						☐
						☐
						☐
						☐
						☐
						☐
						☐
						☐
						☐
						☐
						☐
						☐
						☐
						☐
						☐
						☐
						☐
						☐
						☐
						☐

填表人：　　　　　　　　審批：　　　　　　　　日期：

● **A.8** 存取控制用：本機開放輸出連線一覽表

本機開放輸出連線一覽表

程式名稱	程式位置	設定檔	通訊埠	允許（封鎖）	事先申請
					☐
					☐
					☐
					☐
					☐
					☐
					☐
					☐
					☐
					☐
					☐
					☐
					☐
					☐
					☐
					☐
					☐
					☐
					☐
					☐
					☐
					☐
					☐
					☐
					☐
					☐
					☐
					☐
					☐
					☐

填表人：　　　　　　　　審批：　　　　　　　　日期：

● A.9 存取控制用：桌機（伺服器）開放通訊埠檢核表

桌機（伺服器）開放通訊埠檢核表

程式（服務）名稱	輸出（輸入）	本機通訊埠	遠端通訊埠	檢核
	□輸出□輸入			□
	□輸出□輸入			□
	□輸出□輸入			□
	□輸出□輸入			□
	□輸出□輸入			□
	□輸出□輸入			□
	□輸出□輸入			□
	□輸出□輸入			□
	□輸出□輸入			□
	□輸出□輸入			□
	□輸出□輸入			□
	□輸出□輸入			□
	□輸出□輸入			□
	□輸出□輸入			□
	□輸出□輸入			□
	□輸出□輸入			□
	□輸出□輸入			□
	□輸出□輸入			□
	□輸出□輸入			□
	□輸出□輸入			□
	□輸出□輸入			□
	□輸出□輸入			□
	□輸出□輸入			□
備註：				

填表人：　　　　　　　　審批：　　　　　　　　日期：

● A.10 存取控制用：網路安全設備進出規則申請表

網路安全設備進出規則申請表

申請單位		申 請 人	
連絡電話		連絡 Email	
主機 IP			
申請服務	擬申請開放之服務為（可複選）： □ http □ https □ ftp □ telnet □ ssh □其他（請詳填 port 號）		
有效日期	民國 ___ 年 ___ 月 ___ 日 （未填寫日期者，將每年定期覆核）		
來源 IP	（未填寫者，將對外開放所有 I P 連線）		
申請人簽章		申請單位主管簽章	
以下由資安人員填寫			
規則編號 #			
設定檔備份 □是		Firewall Check □是	
填表人：		審批：	日期：

● A.11 存取控制用：OO 處 OO 同仁存取控制一覽表

OO 處 OO 同仁存取控制一覽表

	設定	截圖與文檔
網路設定	□公用 □私人	
網路共用	□開啟 □關閉	
網路探索與 網路共用	□開啟 □關閉	

填表人：　　　　　　審批：　　　　　　日期：

● **A.12** 網路設備安全表現：網路設備靭體更新與加密一覽表

網路設備靭體更新與加密一覽表

網路設備 名稱	IP 位置	最新版靭體 版次	目前靭體 版次	更新與否	加密與否
				□更新 □未更新	□加密 □未加密
				□更新 □未更新	□加密 □未加密
				□更新 □未更新	□加密 □未加密
				□更新 □未更新	□加密 □未加密
				□更新 □未更新	□加密 □未加密
				□更新 □未更新	□加密 □未加密
				□更新 □未更新	□加密 □未加密
				□更新 □未更新	□加密 □未加密
				□更新 □未更新	□加密 □未加密

填表人： 審批： 日期：

● A.13 封包監聽與分析：本機封包通訊協定 一覽表

本機封包通訊協定一覽表

通訊協定	IP/Domain（From） Port	IP/Domain（To） Port	國家（城市）	備註

填表人：　　　　　　　審批：　　　　　　　日期：

● **A.14** 使用者端電腦檢視：使用者電腦開啟服務一覽表

使用者電腦開啟服務一覽表

名稱	描述	狀態	啟動類型

　填表人：　　　　　　　審批：　　　　　　　日期：

A.15 使用者端電腦檢視：本機帳號與群組一覽表

本機帳號與群組一覽表

使用者帳號	群組一	群組二	群組三

填表人：　　　　　　審批：　　　　　　日期：

● **A.16** 使用者端電腦檢視：使用者電腦安裝程式清單

使用者電腦安裝程式清單

程式名稱 Display Name	版本 Display Version	安裝日期 Install Date	備註
			□未停止更新 □已停止更新
			□未停止更新 □已停止更新
			□未停止更新 □已停止更新
			□未停止更新 □已停止更新
			□未停止更新 □已停止更新
			□未停止更新 □已停止更新
			□未停止更新 □已停止更新
			□未停止更新 □已停止更新
			□未停止更新 □已停止更新
			□未停止更新 □已停止更新
			□未停止更新 □已停止更新
			□未停止更新 □已停止更新
			□未停止更新 □已停止更新
			□未停止更新 □已停止更新

填表人：　　　　　　審批：　　　　　　日期：

● A.17 加密勒索攻擊防範：資通安全事件通報 / 處理紀錄單

資通安全事件通報 / 處理紀錄單

表單編號： 事件描述：				
資安事件等級	處理流程			
□ 0 級事件 （屬於普通資安事件）	通報完後 即可結案	承辦人員		結案日期：___ /___ /___
		主管 確認結案		結案日期：___ /___ /___
□ 1 級事件 □ 2 級事件 （屬於一般資安事故）	由承辦單位進行 原因分析與矯正預防措施			
□ 3 級事件 □ 4 級事件 （屬於重大資安事故）	進入緊急應變措施			
原因分析：				
□矯正措施： 完成日期：___ /___ /___				
承辦人員		主管 確認結案		結案日期：___ /___ /___
□預防措施： 預計完成日期：___ /___ /___				
承辦人員		主管 確認結案		結案日期：___ /___ /___

填表人： 　　　　審批： 　　　　日期：

● A.18 資料庫主機：弱點檢測紀錄表

資料庫主機弱點檢測紀錄表

主機類別 （個人電腦 或伺服器）	主機 IP	漏洞名稱	內容

填表人：　　　　　　　　審批：　　　　　　　　日期：

● A.19 資料庫主機：弱點修補紀錄表

資料庫主機弱點修補紀錄表

主機 IP	漏洞等級	漏洞名稱	修補

填表人：　　　　　　　審批：　　　　　　　日期：

● **A.20 資料庫主機：安全性更新歷程記錄表**

資料庫主機安全性更新歷程記錄表

主機類別 （個人電腦 或伺服器）	主機 IP	更新軟體	最新版本	現行版本[1]

填表人： 審批： 日期：

---

1 最新版 XAMPP 包含：Apache 2.4.54, MariaDB 10.4.24, PHP 8.1.10, phpMyAdmin 5.2.0, OpenSSL 1.1.1, XAMPP Control Panel 3.2.4, Webalizer 2.23-04, Mercury Mail Transport System 4.63, FileZilla FTP Server 0.9.41, Tomcat 8.5.78 (with mod_proxy_ajp as connector), Strawberry Perl 5.32.1.1 Portable

Note

讀者回函

感謝您購買本公司出版的書，您的意見對我們非常重要！由於您寶貴的建議，我們才得以不斷地推陳出新，繼續出版更實用、精緻的圖書。因此，請填妥下列資料(也可直接貼上名片)，寄回本公司(免貼郵票)，您將不定期收到最新的圖書資料！

購買書號： 書名：

姓　　名：＿＿＿＿＿＿＿＿＿＿＿＿＿＿＿＿＿＿＿＿＿＿＿＿＿＿

職　　業：□上班族　　□教師　　□學生　　□工程師　　□其它

學　　歷：□研究所　　□大學　　□專科　　□高中職　　□其它

年　　齡：□10~20　　□20~30　　□30~40　　□40~50　　□50~

單　　位：＿＿＿＿＿＿＿＿＿＿＿＿　部門科系：＿＿＿＿＿＿＿＿＿

職　　稱：＿＿＿＿＿＿＿＿＿＿＿＿　聯絡電話：＿＿＿＿＿＿＿＿＿

電子郵件：＿＿＿＿＿＿＿＿＿＿＿＿＿＿＿＿＿＿＿＿＿＿＿＿＿＿

通訊住址：□□□＿＿＿＿＿＿＿＿＿＿＿＿＿＿＿＿＿＿＿＿＿＿＿

＿＿＿＿＿＿＿＿＿＿＿＿＿＿＿＿＿＿＿＿＿＿＿＿＿＿＿＿＿＿＿＿

您從何處購買此書：

□書局＿＿＿＿＿　□電腦店＿＿＿＿＿　□展覽＿＿＿＿＿　□其他＿＿＿＿＿

您覺得本書的品質：

內容方面：　□很好　　　　□好　　　　□尚可　　　　□差

排版方面：　□很好　　　　□好　　　　□尚可　　　　□差

印刷方面：　□很好　　　　□好　　　　□尚可　　　　□差

紙張方面：　□很好　　　　□好　　　　□尚可　　　　□差

您最喜歡本書的地方：＿＿＿＿＿＿＿＿＿＿＿＿＿＿＿＿＿＿＿＿＿＿

您最不喜歡本書的地方：＿＿＿＿＿＿＿＿＿＿＿＿＿＿＿＿＿＿＿＿＿

假如請您對本書評分，您會給(0~100分)：＿＿＿＿＿＿＿ 分

您最希望我們出版那些電腦書籍：

請將您對本書的意見告訴我們：

您有寫作的點子嗎？□無　　□有　　專長領域：＿＿＿＿＿＿＿

221

博碩文化股份有限公司　產品部

台灣新北市汐止區新台五路一段112號10樓Ａ棟